LA HOUILLE
DANS LES ARDENNES

HISTORIQUE DES RECHERCHES

TRAVAUX D'ÉTION ET DE TARZY — SONDAGES DE PRIX DE SAINT-AIGNAN ET DE CONDÉ

THÉORIE GÉOLOGIQUE

DES

BASSINS HOUILLERS DE CHARLEVILLE ET DE CHAUMONT

AVEC

DEUX CARTES DE LA ZONE HOUILLEUSE ARDENNAISE
ET UNE COUPE HYPOTHÉTIQUE DES TERRAINS D'ÉTION

PAR

L. DUQUÉNOIS

Ancien Chargé de Mission du Ministère des Colonies

PRIX : **2** FRANCS

4655

CHARLEVILLE

ÉDITIONS DU JOURNAL L'USINE

1903

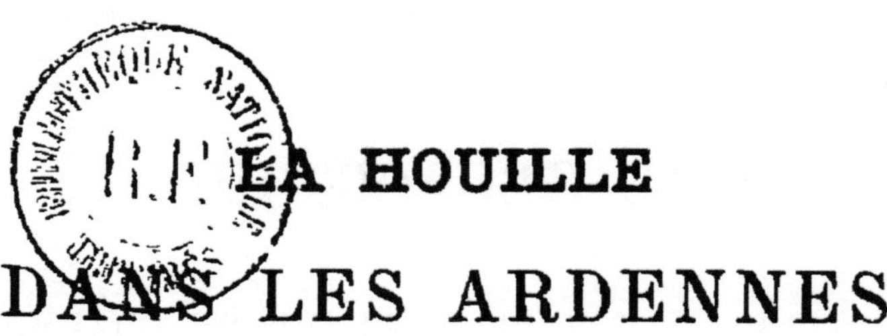

LA HOUILLE
DANS LES ARDENNES

LA HOUILLE
DANS LES ARDENNES

HISTORIQUE DES RECHERCHES

TRAVAUX D'ÉTION ET DE TARZY — SONDAGES DE PRIX
DE SAINT-AIGNAN ET DE CONDÉ

THÉORIE GÉOLOGIQUE

DES

BASSINS HOUILLERS DE CHARLEVILLE ET DE CHAUMONT

AVEC

DEUX CARTES DE LA ZONE HOUILLEUSE ARDENNAISE
ET UNE COUPE HYPOTHÉTIQUE DES TERRAINS D'ÉTION

PAR

L. DUQUÉNOIS

Ancien Chargé de Mission du Ministère des Colonies

PRIX : **2** FRANCS

CHARLEVILLE
Imp. spéciale de l'*Usine*. — C. DIDIER, éditeur.
—
1903

AVANT-PROPOS

Lorsque nous voulûmes affirmer pour la première fois que la houille existe dans le sous-sol des Ardennes françaises comme elle existe au nord du massif, dans l'Ardenne belge, tous ceux qui sont habitués à se laisser vivre sur la foi des évangiles passés eurent un sourire incrédule.

Les uns, qui aiment à chercher très loin ce qu'ils ont souvent tout près d'eux, dirent avec indifférence : « Allons donc ! Est-ce qu'il est possible de trouver quelque chose sous cette terre que nous voyons tous les jours ? »

Les autres — des hommes très graves qui invoquaient les textes d'une géologie aussi élémentaire que classique — me considéraient avec compassion en murmurant : « C'est une utopie ! Les ingénieurs sont contre ! »

En quoi ils se trompaient. La suite le prouvera.

Ces hommes graves n'ont qu'un défaut : c'est de n'être graves qu'à la surface. Esprits souvent superficiels sous un masque pondéré, nous voyons sans cesse apparaître leur œuvre néfaste à travers l'histoire du progrès. Ils sont les Purgons de la science et s'en croient les génies. Ce sont eux qui traitèrent de folie l'idée de Christophe Colomb lorsqu'il voulut aller aux Indes par l'Ouest ; eux qui condamnèrent Galilée lorsqu'il démontra que la terre tournait ; eux qui se moquèrent du mécanicien Sauvage quand il voulut appliquer l'hélice au mouvement des navires ; eux qui se moquèrent de Stephenson quand il construisit la première locomotive ; eux qui se moquèrent de Charles Cros — un poète, messieurs les docteurs ! — quand il inventa le téléphone et la théorie de la photographie des couleurs.

Ils sont les conservateurs jaloux de la formule actuelle qui, pour eux, est le dogme intangible et définitif, comme si la science, qui est la sagesse universelle, pouvait avoir des limites. Ils la rapetissent à leur horizon, à leur savoir étriqué, et ne souffrent point que l'Idée, qui se moque des parchemins et des galons, puisse naître en dehors de leur aréopage.

Ceci dit, simplement pour rappeler que la modestie sied bien à tout le monde et que la science intégrale, pas plus que l'avenir, n'est à personne. Nul n'a le droit de s'en proclamer le prophète, d'en disposer comme de sa chose, de rendre des arrêts en son nom. Ce n'est point une propriété qu'on acquiert en vertu d'un contrat passé devant notaire — ou devant un jury officiel — au moyen de formules instables et éphémères. Ses adeptes sont ceux qui étudient sans cesse et qu'aucune idée ne laisse indifférents. Les vrais savants disent, avec Montaigne : « Que sais-je ? »

Qu'on veuille donc bien prendre la peine de lire cette courte étude avant de formuler des critiques. Au reste, en reprenant aujourd'hui pour notre compte personnel la question de la possibilité du terrain houiller dans le département des Ardennes, nous ne faisons que continuer une série de recherches déjà anciennes et dont quelques-unes, ainsi qu'on en jugera par la suite, ne furent pas si infructueuses que certains se complaisent à le dire.

Pour cela, nous avons groupé les tentatives de recherche et d'exploitation dans l'ordre chronologique. De cette manière, on verra que depuis plus de deux cents ans on a l'idée permanente que la houille existe au sud du massif ardennais. Et l'on pourra se convaincre aussi que, s'il n'y a pas encore eu d'exploitation rationnelle et régulière, ce n'est point un argument définitif contre l'existence du charbon dont la révélation a été constamment contrariée soit par le manque de capitaux, soit par les évènements, soit même par des décrets ministériels.

Nous devons presque uniquement cette revue historique aux Archives départementales ardennaises si soigneusement conservées par notre ami et compatriote

M. Paul Laurent. Tous nos renseignements ont été puisés aux sources mêmes, c'est-à-dire sur les documents qui nous sont restés de ces époques déjà lointaines. Il nous aurait été, du reste, bien difficile de nous documenter ailleurs, car il n'existe jusqu'ici aucune étude sérieuse de la question. Bien au contraire, il semble que les quelques rares chroniqueurs qui en ont parlé dans des livres relativement récents se soient complus dans une vague légende sans prendre la peine de rechercher si ce qu'ils avançaient était vrai ou faux.

Voici par exemple Jean Hubert, que les érudits ardennais citent à tout propos. Celui-ci, véritable rat d'archives, a eu à sa disposition, pendant toute une partie de sa vie, les documents que nous publions aujourd'hui. Au lieu de les compulser et d'en tirer une relation exacte, il s'est amusé à en détruire la valeur dans l'esprit public en se permettant, sur des faits qu'il ne connaissait que très superficiellement, des plaisanteries ridicules (1).

Quant aux techniciens, il faut reconnaître qu'ils n'y mirent guère plus de précision que les chroniqueurs. C'est ainsi que M. Nivoit, ancien ingénieur en chef des mines du département des Ardennes, écrivait les lignes suivantes dans un livre qui date de l'année 1869 (2) :

« Le grand intérêt qu'il y aurait pour le département
« à posséder de la houille dans son propre sol a donné
« lieu à **quelques recherches.**

« Vers 1793, **on fit à Etion des fouilles qui n'abou-**
« **tirent à aucun résultat.**

« En 1825, on entreprit dans le même but un sondage
« à Prix. A une profondeur de 140 mètres, **on rencon-**
« **tra un banc de sel gemme ;** mais, comme l'exploita-
« tion du sel constituait un monopole à cette époque,

---

(1) *Mélanges d'histoire ardennaise,* par Jean Hubert.

(2) *Notions élémentaires sur l'Industrie dans le département des Ardennes,* par Edmond Nivoit, ingénieur des mines. Charleville, 1869. Eugène Jolly, éditeur.

« les travaux furent suspendus par ordre du ministre
« des Finances.

« Enfin un troisième sondage fut exécuté à Condé,
« près Donchery. Il ne fut terminé qu'en 1849 ; **après**
« **avoir traversé toute l'épaisseur du trias, on tomba**
« **sur le terrain ardoisier,** sans avoir rencontré le ter-
« rain houiller qui ne peut se trouver qu'au-dessus de
« ce dernier.

« **Il résulte de là que le terrain houiller ne se trouve**
« **pas dans le département des Ardennes, ou que,**
« **du moins, il n'existe que dans le sud,** et à une pro-
« fondeur telle que la houille ne serait pas avantageu-
« sement exploitable. »

Or, on pourra voir plus loin que les fouilles d'Etion
eurent lieu à plusieurs reprises, pendant une période
qui embrasse près de deux siècles, et que celles de 1793
donnèrent des résultats appréciables puisqu'elles révè-
lèrent une roche charbonneuse qui attira l'attention
des ingénieurs de l'époque. On y verra que le sondage
de Prix, qui amena seulement à la surface une source
ascendante salinifère, ne fit découvrir aucun banc de
sel gemme et que le sondage de Condé — ou plutôt le
triple sondage de Condé-Saint-Aignan — après avoir
traversé une partie seulement d'un terrain qu'on crut
pouvoir assimiler au trias lorrain, **n'atteignit point
l'ardoisier.**

M. Nivoit se trompait donc en déduisant, d'une entreprise manquée, que la houille n'existe point en cet
endroit puisqu'il n'a pas été possible d'atteindre le niveau des terrains où on la trouve habituellement.

Enfin la conclusion négative absolue qui termine les
lignes citées plus haut ne peut être scientifiquement
admise, car on ne peut raisonnablement déduire d'un
sondage unique l'absence complète de tout un étage
dans le sous-sol d'une région. En supposant pour un
instant que les forages de Condé-Saint-Aignan eussent
donné des résultats et qu'on eut atteint le terrain ardoisier, théoriquement et même pratiquement céla
n'aurait rien prouvé contre la possibilité de la houille

dans un rayon voisin. On comprendra facilement, en effet, — et, du reste, nous reviendrons plus loin sur cette question — que le hasard pouvait faire tomber la sonde sur un accident géologique tout local tel qu'un plissement ou un renversement des strates ou bien encore un promontoire schisteux isolé au milieu de couches adjacentes de nature différente.

C'est pourtant sur ces quelques lignes d'un livre qui n'a, du reste, aucune prétention d'être un évangile, que l'opinion et les pouvoirs publics se sont basés pour motiver leurs doutes. Ce sont ces lignes qu'on nous opposa comme un argument irréfutable lorsque — sans respect pour l'intangibilité du dogme administratif — nous avons formulé notre intention de prouver le contraire.

Or, il est curieux de remarquer que, depuis plus d'un siècle, aucun des ingénieurs des mines qui ont précédé M. Nivoit n'a mis en doute l'existence du carbonifère dans le sol ardennais. Tous sans exception ont été unanimes à proclamer, dans des rapports dont les originaux sont encore aux Archives départementales, que l'on pouvait trouver la houille ou l'anthracite à une profondeur relativement faible. Mieux même : à différentes époques ils prirent la tête du mouvement, conseillèrent les souscriptions de fonds et dirigèrent les travaux de sondage (1).

Parmi ces ingénieurs qui crurent à la richesse minière des Ardennes, il en est un surtout, M. Sauvage, qui fit sur la géologie du département un livre d'une

____

(1) On verra plus loin que l'opinion première de M. Nivoit, formulée dans le livre cité plus haut, s'était déjà modifiée en 1873, ainsi que le prouve un rapport de cette époque dû à l'éminent ingénieur ardennais.

D'autre part, dans une séance du Comité des Houillères de France qui a eu lieu depuis que ces lignes sont écrites, M. Nivoit, aujourd'hui inspecteur général des mines, a formulé une opinion nettement favorable à la présence de la houille aux environs de Charleville. On trouvera à la fin du volume le compte rendu officiel de cette séance.

réelle valeur, livre malheureusement très rare aujourd'hui (1). Encore que la question houillère n'y soit traitée que d'une façon succinte et avec une réserve que nous comprenons — ce volume ayant été édité pendant les opérations du sondage de Condé que M. Sauvage dirigeait — c'est le seul ouvrage, en dehors des pièces d'archives, qu'il nous a été donné de consulter avec fruit.

Un dernier mot.

Si l'on veut bien se donner la peine de jeter un coup d'œil sur les anciennes cartes géologiques, on verra que naguère encore on considérait comme carbonifère la région des Ardennes comprise dans les vallées de la Chiers, de la Meuse moyenne et de la Sormonne.

Depuis on a changé tout cela — comme le médecin de Molière.

On a décrété que c'était faux sans avoir même pris la peine d'y regarder.

Ce n'est point à l'honneur de la science démocratisée que nous nous sommes faite, ni à la louange d'une génération qui se pique pourtant d'instruction, qui parle sans cesse de progrès et qui se croit bien supérieure à celles qui l'ont précédée.

L. DUQUÉNOIS.

Belair, 21 décembre 1902.

---

(1) C. Sauvage et G. Buvignier. *Statistique minéralogique des Ardennes*. Charleville, 1842.

LA HOUILLE DANS LES ARDENNES

PREMIÈRE PARTIE

HISTORIQUE DES RECHERCHES

I

Première concession d'Etion : le puits Jaier

Les premières tentatives de sondage pour la découverte de couches carbonifères aux environs de Charleville datent du quinzième siècle.

Par lettres patentes données à Mantoue, le 23 juillet 1671, Son Altesse Sérénissime Ferdinand-Charles Striggini Gonzaga, duc de Mantoue et de Montferrat, prince souverain d'Arches et de Charleville, concédait le droit de rechercher et d'exploiter le charbon de terre sur le territoire d'Etion à Jean-Jacques Jaier, natif de Liège, lequel prit comme associé et bailleur de fonds messire François Aigron de Marcilly, gentilhomme habitant Paris.

Le contrat fut définitivement passé le 27 juillet 1674, devant messire Camille Balliani, résident de la maison de Gonzague pour ses affaires du royaume de France. Il porte que la concession est faite pour douze années, et qu'elle pourra être prorogée pour autant de temps que « ledit Jaier seroit empêché à laddite recherche par guerre ouverte ».

« Et après lesdites années faites et expirées, dit

l'acte, lesdits sieurs Aigron et Jaier délaisseront les mines en l'état qu'elles seront, sans qu'ils puissent prétendre aucuns dépens, dommages et intérêts pour raison de ce qu'ils n'y puissent oster les appuis, aytaiement et autres ouvrages qu'ils feront, à la réserve des outils charrettes et chevaux qui leur appartiendront ; le surplus qui se trouvera enterré appartiendra à Son Altesse Sérénissime.»

Le registre des causes ordinaires de la Cour souveraine d'Arches et de Charleville (1) inscrit ce contrat et les lettres patentes à la date du 2 mai 1675.

Le commencement des travaux eut lieu cette même année. Jaier ouvrit sur le territoire d'Etion (2), à l'en-

—————

(1) Registre des Actes de 1673 à 1678.

(2) Le territoire d'Étion faisait partie du royaume de France et non de la principauté de Charleville. Il est à supposer, dès lors, que Jaïer, avant d'entreprendre ses travaux sur Étion, a obtenu du roi de France une concession analogue à celle qui est indiquée dans les lettres-patentes de la maison de Gonzague. Mais il n'en reste plus aucune trace aux Archives.

Avant l'impression de ce livre, la *Revue historique Ardennaise*, analysant les articles que nous avons consacrés dans l'*Usine* à la question houillère, a signalé, avec juste raison, cette particularité, et, comme nous, elle arrive aux mêmes conclusions.

« Pour admettre, dit-elle, que les fouilles exécutées à Étion au dix-huitième siècle (Société Baliguet et consorts dont il sera parlé plus loin) soient la continuation de celles de Jaïer, il faut supposer que celui-ci ait obtenu, du roi de France, une concession analogue à celles des lettres-patentes du 23 juillet 1671, attendu que l'autorisation accordée à cette date par Ferdinand-Charles de Gonzague n'était valable que « dans l'étendue de la souveraineté d'Arches » dont le territoire d'Étion ne faisait pas partie.

« Cette hypothèse d'une autorisation royale est d'ailleurs très admissible, puisque cette éventualité avait été prévue dans la réglementation des droits dus au prince souverain de Charleville : « ... Et sy les ouvertures des mines sont faittes sur « les terres de Son Altesse et qu'elles conduisent sur les terres

droit qui porte aujourd'hui le nom de **La Houillère, un** puits carré de 9 pieds de long sur 7 de large, qu'il creusa jusqu'à 100 pieds de profondeur, soit 33 mètres environ. Ces travaux durèrent plusieurs années, puis le concessionnaire les abandonna, et, selon les termes du contrat, il fit combler le trou avec des branches d'arbres et de la terre, en y laissant les boisages.

Quelle fut la cause de cet abandon ?

Aucun document ne reste qui puisse nous l'indiquer. On ne peut donc faire que des suppositions. Il est probable que les fouilles furent arrêtées faute de capitaux et de résultats immédiats. Sans doute Jaier, qui était né dans un pays où la houille est souvent trouvée aux affleurements des côteaux, croyait pouvoir la rencontrer dans des conditions identiques au puits d'Etion. Son espoir ayant été déçu, il pensa qu'il était inutile de continuer plus profondément les recherches.

Peut-être enfin disparut-il pour une cause quelconque — décès ou retour en Belgique — au milieu des événements fréquents de cette époque guerrière (1).

« des princes voisins, ne sera paié qu'à l'alignement des « terres qui appartiennent à S. A. S. Comme aussy sy les « ouvertures sont faites sur les terres d'autres souverainetés et « que les veines conduisent sur celles de S. A. S. ils payeront « le droit de ce qui se trouvera sur les dittes terres de S. A. S. « aussy à l'alignement... »

« D'un autre côté, continue l'auteur de l'article de la *Revue historique*, il résulte de la correspondance de l'intendant de Champagne, de 1749, — voir Société Baliguet et consorts — que si on ne put alors « à cause du laps de temps », retrouver aucune trace d'une autorisation accordée précédemment, on savait cependant qu'un puits avait été ouvert autrefois, et ensuite rempli de branches d'arbres et de terre. D'après le mémoire présenté par Baliguet et consorts, en 1748, ces premiers travaux remontaient à 80 ans environ, ce qui concorde assez exactement avec la date de la concession de Jaier. »

(1) On lit dans la *Revue historique Ardennaise :* « Nous

II

Découverte de la houille à Tarzy

Le 22 septembre 1749, les sieurs Paris et du Moulin adressaient à M. de Machault, contrôleur général des finances du royaume, une demande tendant à obtenir la permission de rechercher la houille sur le territoire de Tarzy et sur le gouvernement de Rocroi. Cette requête fut transmise par M. Trudaine, qui s'informa aussitôt, par lettre datée de Paris, auprès de M. Bugarel, intendant de Champagne en résidence à Châlons, s'il était réellement possible de trouver du charbon de terre dans l'Ardenne française.

A la date du 19 janvier 1750, le ministre répondait à M. Bugarel qu'il ne voyait aucun inconvénient à accorder la permission demandée par les sieurs Paris et du Moulin, à la condition toutefois qu'ils fussent pécuniairement en mesure de faire des recherches. Il demandait en même temps « si ce village de Tarzy était le même que celui du Soissonnois, où l'on avait déjà découvert, en 1735, une veine de terre noire inflammable et d'arbrisseaux convertis en une espèce de

______

avons rencontré, dans deux ouvrages d'histoire locale, la mention de la concession d'une houillère, non loin d'Étion, dans la forêt de la Havetière, à Nicolas Dentremeuse, voyer de la souveraineté d'Arches, à la fin du dix-septième siècle. Cette indication est inexacte. Les lettres-patentes de Ferdinand-Charles de Gonzague accordées, le 16 novembre 1699, audit Nicolas Dentremeuse, ne parlent que d'une carrière de marbre et jaspe et non de charbon de terre. (Arch. des Ardennes, B. 10, fol. 132.) Nous avons cru nécessaire de rectifier cette erreur. »

Ajoutons qu'elle a eu pour cause une faute de lecture. Le texte porte que Nicolas Dentremeuse est autorisé à « fouiller » dans la forêt de la Havetière, et l'on a lu sans doute « houiller », c'est-à-dire « faire de la houille ».

houille, dans laquelle veine il y avait plusieurs petits morceaux d'ambre jaune véritable ».

Pour satisfaire au désir du ministre, une enquête fut ouverte par M. Bugarel, qui en chargea son subordonné de Mézières, M. Dewal. Les recherches sur place furent faites par M. Charlier, bailli d'Auvillers, qui répondit par la lettre suivante :

« Auvillers-les-Forges, 22 février 1750.

« Monsieur,

« Pour me mettre en mesure de vous procurer les éclaircissements que vous me demandez par la lettre que vous m'avez fait l'honneur de m'écrire le 9 du présent mois, je me suis rendu sur les lieux où j'ai appris ce qui suit :

« **Il y a effectivement du charbon de terre au territoire de Tarzy,** et l'expérience qu'on m'a assuré en avoir été faite confirme la réalité et la bonne qualité de ce charbon. Il est vrai que **la veine qui paraît n'a que cinq ou six pouces d'épaisseur,** mais on espère que la fouille en découvrira une ou plusieurs, plus abondantes.

« Il n'y a aucun inconvénient à accorder la permission qu'on demande et, si l'entreprise réussit, ce sera pour le public un bien d'autant plus considérable que le prix du bois de chauffage baissera beaucoup.

« En certaine année qu'on n'a pu me fixer précisément, l'été fut si sec et le soleil si ardent que la superficie de la terre en fut presque brûlée. Il y a, au terroir de Tarzy, un endroit dont le terrain est extrêmement léger, couvert d'un gazon dont le dessus est une mousse très inflammable et le dedans rempli d'une infinité de petites racines rouges. Un peu de feu, qu'on alluma la nuit sur le gazon, l'enflamma ; le feu du gazon se communiqua à la terre qu'il couvrait, la pénétra et brûla pendant plusieurs jours sans néanmoins que cette terre eut d'autre disposition à brûler que sa légèreté et son aridité. Les morceaux d'ambre prétendus n'étaient que de petits cailloux jaunes et lumineux (1) dont ce terrain abonde.

« Je vous prie, etc... — CHARLIER. »

Après transmission de cette lettre à M. de Machault, le 5 mars 1750 la permission demandée par les sieurs Paris et du Moulin leur fut enfin accordée. Mais la veine découverte, contrairement aux prévisions du bailli d'Auvillers, n'était qu'accidentelle, et l'exploitation cessa dès qu'elle fut épuisée, c'est-à-dire peu de temps après.

III

Seconde concession d'Etion : Jean Baliguet, Faynot et consorts.

En 1748, soixante-quinze ans après les recherches de Jaier — dont le nom, d'ailleurs, était déjà complètement oublié dans le pays, — une nouvelle société se fondait à Charleville pour la reprise des travaux de la houillère d'Etion.

A la date du 3 octobre de cette année-là, les nommés Jean Baliguet, marchand à Renwez ; Jean Faynot, laboureur à Etion ; Antoine Liébaux, marchand à Charleville ; Jean-Baptiste Cercelet, marchand à Charleville, et Jean-François Luniecke, marchand à Sedan, adressaient à M. de Machault une demande afin de rechercher et d'exploiter la houille « sur toute l'éten-

____

(1) Très probablement des morceaux de quartz coloré (quartz jaspe ou quartz résinite).

due du royaume, et notamment les gisements qu'ils parviendraient à découvrir sur les terres du village d'Etion, près de Mézières ».

Les cinq pétitionnaires exposaient dans leur requête « qu'il existe déjà, non loin de ce village, dans un endroit inculte et sans propriétaire connu, un ancien puits comblé que l'exploitant n'a pas été en état de continuer ».

Ils déclarent qu'ils feront décombrer ce puits pour servir de soupirail à leurs propres travaux et donner de l'air aux ouvertures qu'ils comptent faire tant en dessus qu'en dessous.

Le 17 octobre 1748, par lettre datée de Fontainebleau, M. de Machault renvoie à M. Bugarel la demande des sieurs Baliguet et consorts à fin d'enquête. Le ministre écrit « que les requérants ne paraissent pas très instruits des usages miniers, puisqu'ils demandent inconsidérément une concession générale sur tout le royaume ». Il y a lieu cependant, dit-il, de prendre leur demande en considération, parce que, si l'on découvrait le charbon de terre à Etion, **la manufacture d'armes de Charleville ne serait plus obligée de faire venir très onéreusement, par la Meuse, son combustible des mines de Liège et de Namur.**

L'enquête est faite par M. Dewal. Celui-ci déclare qu'il existe en effet un puits abandonné près du village d'Etion, « mais que personne n'a pu dire pourquoi les travaux furent délaissés ou s'il y a eu permission demandée à ce sujet ». Sa conclusion est favorable à la reprise des travaux.

Le 19 janvier 1749, la permission est accordée à la Société Baliguet et consorts de rechercher la houille au puits d'Etion et sur une lieue et demie de surface à la ronde, à charge par eux de se conformer aux termes des lois minières.

En outre, ils devront adresser mensuellement à l'Administration un état récapitulatif des travaux accomplis et des découvertes utiles qu'ils auront pu faire.

Ces mémoires mensuels que nous avons retrouvés aux archives nous ont fourni les éléments nécessaires pour indiquer comment furent menées les nouvelles recherches. Nous les reproduisons ici en les analysant rapidement.

Du 20 février au 20 mars 1749. — Jean Baliguet et ses associés « exposent respectueusement à monseigneur l'Intendant » que, conformément à la loi, ils ont requis la justice pour faire constater que le puits d'Etion est abandonné et sans propriétaire connu. Les fouilles ont commencé le 20 février. On a d'abord décombré pendant dix jours en posant, au fur et à mesure de l'avancement du travail, un boisage « de bons rondins de chêne assuré avec des poteaux de bois posés carrément ». A 30 pieds de profondeur, on a trouvé plusieurs boisages anciens mis aussi carrément. Etant très solides, on n'a pas eu à les remplacer. A 40 pieds, on a senti le rocher bien ferme, en sorte qu'on ne s'est plus servi de bois.

Pendant le reste du mois, on a décombré jusqu'à 10 pieds de profondeur dans le rocher.

Du 20 mars au 20 avril. — Le 5 d'avril on est à 100 pieds de profondeur. Il n'est plus du tout nécessaire de poser du bois. Depuis cette date jusqu'au 20, on a creusé que d'un pied dans le roc « qui est fort dur ». On travaille avec le pic et les coins de fer. Les eaux sont très abondantes. L'épuisement est assez difficile.

Du 20 avril au 20 mai. — Les associés ont continué le travail dans le roc qui est toujours fort dur « et noir comme chapeau (1) ». Pendant cette période, on a seulement creusé de 4 pieds.

---

(1) Dans certains charbonnages belges le terrain formant le toit ou ciel de la mine est souvent appelé chapeau.

Du 20 mai au 20 juin. — On continue à creuser dans un roc très dur, qui est toujours fort noir. On a dû faire jouer la mine. Creusé de 4 pieds seulement, mais les ouvriers ont l'espérance d'une prochaine découverte.

Du 20 juin au 20 juillet. — Creusé de 2 pieds seulement en profondeur. Mais on a ouvert un soupirail en forme de petite cheminée qui descend jusqu'à 110 pieds pour amener l'air et la lumière nécessaires à la continuation du travail. On fore à présent dans le roc.

Du 20 juillet au 20 aout. — On a fait cesser les ouvriers qui travaillaient à plus de 113 pieds de profondeur. Sur l'avis de « gens connaisseurs » qui sont venus visiter les travaux et ont pensé que la veine pouvait être à côté, on a commencé à établir une galerie latérale à 50 pieds du niveau du puits. Cette galerie aura une section de 5 pieds carrés. On l'a déjà creusée de 4 pieds en profondeur.

Du 20 aout au 20 septembre. — Le maitre ouvrier ayant été malade, les travaux ont langui pendant cette période. On a seulement approfondi la galerie de 3 pieds.

Du 20 septembre au 20 octobre. — Approfondi la galerie de 8 pieds. On a trouvé du roc noir fort adouci et qui se brise aisément. Il imite assez la houille. On compte rencontrer bientôt la bonne veine.

Du 20 octobre au 20 novembre. — Par acte du 29 octobre, Jean Baliguet a cédé son droit de recherche à ses co-associés. La Société prend désormais le nom de **Faynot et consorts.**

Les ouvriers ont avancé de 20 pieds dans la galerie. Ils continuent de creuser. « L'expérience devient de plus en plus flatteuse de faire de bonnes découvertes dans le mois suivant. »

Du 20 novembre au 20 décembre. — Les ouvriers ont

avancé de 10 pieds dans la galerie en suivant une roche qui ressemble à la houille et qui va en serpentant. Ils ont ensuite rencontré un roc ferme qui les a obligés à abandonner ce trou.

Ce dernier rapport se termine ainsi :

« Comme le temps est fort mauvais pendant l'hiver, que le travail est très coûteux et que les mineurs débitent peu d'ouvrage, la Société demande à M. l'Intendant de trouver bon qu'elle cesse son exploitation jusqu'au mois d'avril suivant, auquel mois les associés promettent de reprendre les recherches. »

Ces recherches furent-elles poursuivies dans le courant de l'année 1750, comme l'espéraient tout d'abord Faynot et consorts ? Il est probable que non. Vraisemblablement les capitaux manquèrent pour continuer l'œuvre et le découragement dut se mettre de la partie. Comme on l'a vu, Jean Baliguet s'était déjà retiré de l'association dès l'automne précédent. Les autres concessionnaires réfléchirent sans doute pendant les mois d'hiver et, le printemps arrivé, laissèrent périmer leurs droits.

Ce n'est en effet que vingt-cinq ans après cette tentative qu'il est de nouveau question du puits d'Etion et de la recherche du charbon dans les Ardennes. Mais alors les travaux sont poussés avec beaucoup plus d'activité et donnent des résultats qui méritent d'attirer l'attention.

IV

Troisième concession d'Etion : Compagnie des Mines de Champagne.

Une monographie sommaire de cette troisième phase des recherches houillères dans le département a été relatée autrefois par M. Jean Hubert, bibliothécaire de la ville de Charleville, dans un recueil dont nous avons déjà eu l'occasion de parler. Bien que cet article s'appuie sur des documents d'archives précieux en la circonstance, on y rencontre des erreurs, des omissions tendancieuses et des plaisanteries qui ne semblent guère de mise sous la plume d'un écrivain prétendu grave et pondéré. C'est ainsi que nous y lisons la phrase suivante :

« On avait trouvé, dans une terre voisine d'Etion, quelque chose qui ressemblait à de la houille ; quelques-uns prétendent que c'était tout simplement de la tourbe d'assez pauvre qualité. »

Or, à aucune époque, il ne fut question de tourbe à Etion, et Jean Hubert paraît ignorer complètement non seulement les travaux antérieurs, mais même l'existence du puits. Il ne connaît ni Jaier (1), ni Baliguet, ni Faynot. Cela, d'ailleurs, ne l'empêche point de discuter « ex cathedra » et de faire de l'esprit aux dépens des défunts actionnaires de la troisième Société dont nous allons faire l'historique.

Par ordonnance du 5 octobre 1774, M. l'Intendant de Châlons, agissant au nom de M. Bertin, ministre des mines et minières de France, autorisait provisoirement M. Guillaume-François de La Chevardière de La Grandville à exploiter les mines de charbon découvertes ou à découvrir dans les terres et pays situés entre Arreux, Vrigne-aux-Bois, Mondigny et Clavy, ayant le village d'Etion pour centre.

----

(1) Reconnaissons pourtant qu'il note hâtivement les lettres-patentes autorisant les recherches de 1675. Mais ce n'est qu'après coup, dans une édition de son livre, alors que la publication de l'article avait déjà eu lieu dans le *Courrier des Ardennes*. Et encore a-t-il fallu que le document lui fut signalé par l'archiviste départemental.

Le 9 novembre suivant, M. de La Chevardière de La Grandville constituait une Société anonyme, dite **Compagnie des Mines de Champagne**, au capital de 25 sols, c'est-à-dire de 25 actions ou parts, dont 24 à répartir entre les associés, la vingt-cinquième devant rester en réserve, déduction faite toutefois d'un quart qui fut attribué au fondateur en reconnaissance de son droit d'inventeur.

La Société se composait tout d'abord des personnalités suivantes :

1° M. Guillaume-François de La Chevardière, chevalier, seigneur de La Grandville, garde du corps de Sa Majesté ;

2° M. le vicomte des Androuins et dame Marie-Françoise-Christine de Maillart, son épouse ;

3° Mlle Thérèse de Brossard ;

4° M. Jacques-François-Joseph Desvignes, avocat, à Valenciennes.

Ces quatre actionnaires avaient le titre de directeurs de la Société. Ils possédaient seuls le droit de la gérer et de l'administrer. Ils pouvaient céder à d'autres une partie de leurs actions, mais ils devaient en conserver au moins une, afin de ne pas perdre leur qualité de directeurs ou de directrices.

D'après l'acte de société signé au château du vicomte des Androuins, à Jandun, les appels de fonds ne pouvaient s'élever à plus de 600 livres par sol ou action. Le capital social engagé dans l'entreprise était donc au maximum de 14.400 francs, somme véritablement dérisoire — même pour l'époque — eu égard aux dépenses considérables que nécessitent ordinairement les travaux des mines.

Mais bientôt après, par un second acte signé à Charleville, le 2 mai 1775, la Société s'adjoignait deux nouveaux actionnaires :

1° M. de Ramsault, brigadier des armées du roy, commandant l'Ecole royale du génie, lieutenant du roy à Mézières, directeur des fortifications de la Meuse ;

2° M. Dubuat, ingénieur en chef des Ponts-et-Chaussées, à Condé.

Jusqu'ici, la Compagnie des Mines de Champagne était restée dans la période des tâtonnements, bien qu'on eut déjà dépensé plus de 10.000 livres dans les premiers frais d'établissement (1). MM. de Ramsault et Dubuat, **qui avaient pris les deux tiers des 24 actions créées**, devaient être les agents actifs de l'entreprise. Eux seuls étaient chargés désormais de faire tous les frais et avances pour la découverte du charbon ou de tout autre minéral utile.

Quant aux anciens actionnaires, ils devaient participer aux bénéfices concurremment au nombre d'actions qu'ils possédaient, mais ils étaient déchargés de toutes autres dépenses. Les nouveaux sociétaires devaient, en outre, leur rembourser les deux tiers des avances faites jusque-là, c'est-à-dire la somme des dépenses correspondant aux actions qu'ils avaient achetées.

Enfin, le même acte accordait un quart de part, dans le 25ᵉ sol resté en réserve, à un frère de Mᵐᵉ la vicomtesse des Androuins, M. Hector de Maillart, comte de Landreville, colonel d'un régiment de dragons, en reconnaissance de diverses démarches qu'il avait faites à Paris en faveur de la Société, notamment pour obtenir l'autorisation définitive d'exploiter.

Un fait ressort surtout de ce deuxième acte d'association : c'est que les **nouveaux actionnaires était l'un général du génie, l'autre ingénieur en chef**. Leur adhésion morale et financière à la Compagnie des Mines

---

(1) Exactement, dit l'acte, la somme de 10,364 livres 9 sous.

de Champagne paraît impliquer, d'une manière incontestable, que les travaux d'Etion n'étaient pas si dénués de bon sens que semble le croire Jean Hubert. Autrement il faudrait admettre que ces anciens ingénieurs de l'Etat, pourtant réputés si positifs, n'étaient que des cerveaux creux.

Nous aimons mieux croire le contraire, et la meilleure preuve que nous puissions en donner, c'est que pendant toute la période qui suit — de 1775 à 1789, **c'est-à-dire pendant quatorze ans !** — les travaux sont poussés avec une réelle activité, malgré le défaut de capital dont souffre la Société. Des baraquements et des bureaux sont édifiés sur les terrains qui avoisinent le puits. On a fait venir de la région du Nord des mineurs expérimentés, répartis en équipe de travail sous les ordres de contremaîtres et de receveurs. Ces mineurs ne se considèrent point comme des gens de passage, appelés à retourner un jour ou l'autre dans leur ancien pays. Ils se sont installés à Etion, ils s'y marient avec des jeunes filles du village, ils y font souche. On retrouve leurs traces à plusieurs reprises sur les registres de l'état-civil.

Voici, par exemple, quelques-uns des noms que nous y avons lus et que tout chacun peut y lire comme nous.

1er AOUT 1776. Mariage de François-Joseph Castelin, fils de défunt Jean-Henri Castelin et de Marie-Madeleine Dufrêne, **houyeur** de sa profession, originaire du village de Frênes, proche Valenciennes ; — avec Marie Nivelet, fille majeure de défunt Jacques Nivelet et de Marie-Nicole Grignard, d'Etion ;

Témoins : Jean-Louis Rousseau, **receveur des houilleries** dudit Etion, et Pierre-Joseph Bétry.

13 DÉCEMBRE 1776. Baptême de Marie-Stanislas-Constant-Joseph-Louis, fils de François-Joseph Castelin,

houyeur, habitant la paroisse ; — et de Marie Nivelet ;

Parrain : Jean-Louis Rousseau, **receveur des houilleries d'Etion.**

24 FÉVRIER 1778. Mariage de Pierre-Joseph Collier, **houilleur,** originaire de Frênes sur l'Escaut, diocèse d'Arras ; — avec Elisabeth Grignard.

24 FÉVRIER 1778. Naissance de la fille de Nicolas-Joseph Houdart, **mineur** de sa profession ; — et de Nicole Biart.

3 DÉCEMBRE 1778. — Baptême de Charlotte-Elisabeth, fille de François-Joseph Castelin, **houilleur, à** Etion ; — et de Marie Nivelet.

Enfin, en 1781, baptême du fils de Pierre-Joseph Collier, **mineur aux houilleries d'Etion ;** — et de Elisabeth Grignard.

Par cette série d'actes officiels, on voit donc que, pendant dix ans au moins, on a travaillé à La Houillère. Pourtant, malgré cette persistance de bon augure, la Compagnie des Mines de Champagne disparait vers 1789. Avait-elle, au cours de son existence assez longue, extrait du charbon du sous-sol d'Etion ? On serait assez porté à le croire en voyant ces termes de **houilleries** et de **receveur des houilleries** répétés à plusieurs reprises, et à des dates différentes, sur les registres de l'état-civil du pays. Mais n'en ayant aucune autre preuve historique ou matérielle, nous ne voulons rien affirmer.

Quels sont les motifs probables de la dissolution de la Société ? Est-ce le défaut de capital ? Est-ce au contraire l'appréhension d'un avenir incertain, la perturbation sociale et les inquiétudes que faisaient naître les premiers symptômes de la Révolution imminente ?

Peut-être bien est-ce à l'une et à l'autre de ces causes

qu'il faut attribuer cette retraite. En tous cas, la Compagnie avait fait une œuvre importante. Si elle n'avait pas exploité, elle avait cependant presque touché au but, puisque moins de cinq ans près, alors que son souvenir encore tout récent permettait de discuter sur des faits précis, une nouvelle association se fondait pour continuer son œuvre.

V

Recherche de la houille à Sailly

Elle avait aussi suscité des émules.

Vers cette même époque où elle disparaissait, d'autres recherches commençaient en effet aux environs de Carignan.

En 1787, on commence à parler d'une mine de houille « dont l'existence s'annonce près du village de Mairy, à la distance d'une demi-lieue de la Meuse. Le 26 octobre de cette année, un mémoire est présenté sur ce sujet à l'Assemblée du district de Sedan. Le 10 juin 1788, une demande de concession est faite par MM. Desrousseaux, Barthélémy, Louis La Bauche et Galon. Mais l'affaire n'a aucune suite.

Au début de l'année 1789, un sieur Pierre-Nicolas Berryer, ayant reconnu les indices d'un terrain présumé carbonifère sur le terroir de la commune de Sailly, fait faire quelques fouilles préliminaires en un lieudit appelé La Boulette, s'associe avec un négociant de Paris, M. Jean-Charles Bermond, et demande la concession au Conseil du duc d'Orléans, seigneur direct d'Yvois-Carignan.

Sa pétition ayant été prise en considération par le Conseil ducal et par la commune de Sailly, des travaux importants sont entrepris et continués pendant les années 1789 et 1790.

Le 5 juillet 1790, M. Bermond adresse à l'Administration des Mines une requête où il expose « qu'il a découvert sur le terroir de Sailly, duché de Carignan, un terrain qui renferme de la houille ou charbon de terre ». Il demande confirmation de la concession qui lui a déjà été octroyée par arrêt ducal, et la permission d'exploiter la mine. Il renouvelle les termes de sa lettre le 16 septembre suivant. Celle-ci est alors renvoyée de Paris, par M. de La Millière, au Directoire du département, qui accorde l'autorisation dans sa séance du 7 octobre. Les travaux continuent activement.

Le 19 janvier 1791, une nouvelle « requête de Bermond, entrepreneur de mines, et de Berryer, son fondé de procuration (1) », expose qu'ils ont déjà fait des fouilles considérables et obtenu des résultats probants. Ils demandent au département une subvention de 2,000 francs, promettant de rembourser cette somme sur les recettes futures de leur exploitation. Examinée le 3 février suivant, il ne reste de la délibération aucune pièce qui permette de dire si la pétition fut accueillie ou repoussée.

Survient quelque temps après la nouvelle loi sur les mines (2). Les propriétaires de la fosse de La Boulette en profitent pour demander la concession pendant cinquante années sur une étendue de six lieues carrées.

Voici les termes de cette demande, en date du 17 octobre 1791, tels qu'ils sont relatés sur les registres du contentieux :

____

(1) Registre n° 1 du contentieux ordinaire du district de Sedan (1790-1792).

(2) Loi du 28 juillet 1791.

« Le sieur Pierre-Nicolas Berryer fils, demeurant à Paris, **propriétaire, sous le nom de Jean-Charles Bermond**, de terrains situés au village de Sailly, près Carignan, lieudit La Boulette, présumés contenir de la houille ou charbon de terre, expose que, dès le commencement de 1789, il a reconnu lesdits terrains et y a fait faire des fouilles en 1790, d'après conventions faites entre la commune de Sailly et le sieur Bermond, une délibération du Conseil de M. d'Orléans comme seigneur direct, une ratification de la municipalité de Sailly, une permission du département, enfin l'acquisition de terrains voisins.

« Il demande concession pour cinquante années, sur l'étendue de six lieues carrées prises de l'ouverture de la fosse de La Boulette de Sailly comme point central, à charge de se conformer aux termes de la loi du 28 juillet 1791. »

Un arrêté du Directoire du département, du 25 octobre suivant, donne plein droit à la requête de Berryer. En voici le texte :

« Le Directoire,

« Vu de nouveau la présente requête, les pièces y jointes, etc. ;

« Considérant que l'exposant s'est livré depuis près de deux années, avec une constance digne d'éloge, à la recherche de la mine de charbon de terre dont il s'agit ;

« Qu'il y a consommé jusqu'à présent des fonds considérables, non seulement par le travail prodigieux qu'il a été dans la nécessité d'effectuer, mais encore par les indemnités qu'il acquitta à divers propriétaires ;

« Considérant qu'il mérite les encouragements qui

sont dûs à l'inventeur de ce genre et que le succès qu'il y a lieu d'espérer sera inappréciable pour l'Etat ;

« Il est fait à l'exposant, à compter de ce jour, concession pour cinquante années des mines de houille exploitables sur une étendue de six lieues carrées prises de l'ouverture de la fosse de la Boulette de Sailly comme point central, à charge d'indemniser les propriétaires du sol et de se conformer aux prescriptions de la loi sur les mines.

« En conséquence, lui délaisse à se retirer vers le Roi à l'effet d'obtenir de Sa Majesté l'approbation de la présente concession. »

Le 11 mars 1792, une proclamation royale consacrait la décision du Directoire départemental.

Mais les événements révolutionnaires eurent sans doute, sur cette tentative, les mêmes effets que sur celle d'Etion, car l'on n'entendit plus parler dans la suite des travaux de La Boulette de Sailly. Il semble cependant que, vers 1838, les anciens propriétaires de la fosse, émus probablement par les nouvelles recherches dont nous allons bientôt parler, tentèrent de revendiquer leurs droits auprès de l'Administration. A cette époque, une lettre du directeur général des Ponts et Chaussées au préfet des Ardennes demande s'il n'existe pas dans les Archives une proclamation royale du 11 mars 1792, accordant au sieur Berryer une concession de houille sur les terres de Sailly.

L'Administration, qui n'aime pas beaucoup à fouiller les vieux papiers, n'en sait rien. Elle répond en conséquence que la proclamation n'existe pas, mais qu'il y a, par contre, un arrêté du Directoire relatif à une concession faite à un sieur Bermond.

L'affaire, d'ailleurs, n'eut aucune suite.

VI

Quatrième concession d'Etion : Béchefer père, Bertèche et Cie

Ce fut la société Béchefer père, Bertèche et Cie qui prit la succession de la Compagnie des Mines de Champagne dans l'affaire de la houillère d'Etion. La nouvelle firme se composait de quarante actionnaires dont la plupart étaient des Ardennais, comme, du reste, la grande majorité des personnes qui avaient créé les précédentes associations. Le capital social, par contre, avait une ampleur de beaucoup supérieure à ceux qu'on avait, jusque-là, consacrés à explorer le sous-sol ardennais. Il était de 95,000 francs obligatoires provenant de 64 parts ou actions.

Le droit de reprendre les fouilles d'Etion fut concédé à MM. Béchefer père, Bertèche et Cie, par arrêté du Directoire départemental, en date du 19 juin 1793, confirmé et approuvé par délibération du Conseil exécutif provisoire du 31 juillet suivant.

Les travaux recommencent le 15 pluviôse an II (3 février 1794). On est alors en pleine période révolutionnaire, l'invasion menace la frontière, les luttes sanglantes de l'intérieur empêchent toute sécurité commerciale. Pourtant, malgré cette instabilité déconcertante, les nouveaux associés poussent les recherches sans interruption, avec une activité et un courage admirables.

Les boisages établis dans la mine nécessitent d'importantes fournitures d'étais, de perches et de planches. A cet effet, les administrateurs ont obtenu de la Commission des revenus nationaux — « par forme d'encouragement d'une entreprise qui intéresse le service public », dit le décret — la concession d'une

partie des coupes faites dans la forêt de la Havetière (1),
à charge de payer chaque année le prix établi par
les enchères pour l'adjudication du reste. La concession est de six arpents par an pour les deux premières
années et de dix arpents pour les années suivantes.
Ces chiffres indiquent suffisamment combien étaient
considérables les recherches faites alors.

On travaille à la fosse de jour et de nuit, sans interruption, nous apprend une lettre de l'agent natio-
nal du district de Charleville, écrite en réponse à une
demande spéciale du Comité de salut public (2). « **La
fouille, dit-il, vient d'atteindre un grès blanc contenant des veines sulfureuses et une terre noire très
malléable mélangée de parties blanchâtres.** Mon pré-
décesseur, chargé d'un rapport par la Commission
des armes, poudres et exploitations de mines, a déjà
rendu compte de l'état des travaux le 28 brumaire
précédent. Il est descendu dans la fosse et a fait par-
venir à la Commission des échantillons des différentes
espèces de roches qu'il a extraites lui-même. »

Les travaux, dirigés par l'ingénieur-géographe du
département, selon des principes rigoureusement
scientifiques, sont exécutés par des porions maîtres
houillers et des mineurs expérimentés. Plusieurs actionnaires des mines de Valenciennes, et même de
Liège, font partie de la Société. Des échantillons sont
continuellement échangés contre des extraits analo-

____

(1) Paris, 5 pluviose an III. Délibération de la Commission
des revenus nationaux, adressée aux administrateurs du département des Ardennes, autorisant les citoyens Béchefer
père, Bertèche et Cie, associés à la recherche d'une mine de
houille sur le territoire d'Étion, *district de Libreville*, à prendre
le bois nécessaire à l'exploitation de leur entreprise dans les
coupes de 50 ans de la forêt de la Havetière *ci-devant appartenant à l'émigré Condé.*

(2) 12 frimaire an III.

gues provenant de la houillère d'Anzin. D'autres sont portés à Liège, à Sarrebrück, et jusque dans le Palatinat, par un sociétaire, M. Savary, qui les fait examiner et comparer par les ouvriers et les ingénieurs de ces charbonnages. Partout les hommes du métier sont d'accord pour déclarer que ces échantillons annoncent indubitablement la présence de la houille, partout est prononcée l'assurance que les galeries d'Etion ont atteint les assises supérieures du terrain carbonifère.

Ces assertions sont bientôt officiellement reconnues exactes. Le Conseil des Mines, consulté par M. Roussel, minéralogiste à Paris, donne un avis semblable à celui des techniciens précédemment interrogés. La société Béchefer a envoyé des échantillons pour les faire analyser par l'Agence des Mines. Celle-ci déclare, le 26 prairial an III (1), que **les extraits qui lui ont été soumis proviennent d'une roche tendre composée de charbon**, d'alumine et d'un peu d'oxyde de fer.

De tels résultats sont si importants, que l'Agence n'hésite pas à envoyer sur les lieux un de ses commissaires, M. Lenoir, pour procéder à la visite des travaux intérieurs et extérieurs, conformément à l'article 26 de la loi sur les mines.

Dans le rapport que fait celui-ci, il approuve les recherches, en dresse un plan détaillé et rédige un rapport qui constate leur bonne tenue. **Il y confirme l'existence des signes ordinaires et généraux du terrain houiller et n'hésite pas à déclarer, en l'article 10 de ce rapport, qu'il y a du charbon.** L'ingénieur termine en indiquant de nouvelles directions à suivre dans les schistes feuilletés « qui sont bien, dit-il, ceux qui conduisent aux toits des mines de houille et qu'il faut approfondir ». Quelque temps après, l'Agence envoie en-

---

(1) 14 juin 1795.

core des instructions complémentaires (1) que la Société
met à profit, autant,-du moins, que les événements le
permettent.

Les travaux se continuent ainsi avec activité pendant deux années et demie consécutives, en dépit des
entraves suscitées par la jalousie naissante des houillères des pays voisins qui commençaient à craindre
une rivalité sérieuse. Mais les troubles révolutionnaires devaient bientôt vaincre, malgré leur énergie,
les actionnaires de la société Béchefer. La Terreur,
qui régnait en maîtresse absolue et sanglante sur le
territoire, en avait déjà inquiété plusieurs. D'autres
— plaçant la vie au-dessus du succès, dit un mémoire
du temps, — cherchèrent le salut dans la fuite.

Malgré ces défections, il en restait pourtant encore
qui continuaient l'œuvre. Vers la fin de l'an IV,
les fouilles avaient atteint la profondeur de 222 pieds (2)
avec diverses galeries latérales allant très loin dans
les couches, et la Société n'avait dépensé que la moitié de son capital primitif, environ 45.000 francs.
Cependant, les travaux languissaient, faute de numé-
raire, les ouvriers refusant d'accepter le papier-monnaie pour paiement de leurs salaires (3). Le désas-
tre financier qui affecta si profondément à cette époque l'activité nationale — la dépréciation irrémédiable
des assignats — vint donner le coup suprême aux
courageux efforts de nos concitoyens. Le fonds social
ayant été détruit dans cette tourmente commerciale,
les actionnaires se dispersèrent, tout en gardant cependant l'espoir de continuer leur exploitation lorsque des temps meilleurs seraient revenus.

Les travaux cessèrent le 30 thermidor an V. On

---

(1) Rapport du citoyen Lenoir du 20 vendémiaire au IV.
(2) 74 mètres.
(3) Un louis d'or valait alors jusque 7,200 francs en assignats.

laissa dans le fond, non seulement les boisages, mais aussi les·outils·trop lourds ou trop difficiles à remonter. La fosse fut comblée en conservant toutefois, autant que possible, les galeries intactes. On vendit enfin les bâtiments qui avaient été construits autour du puits, et la société Béchefer père, Bertèche et C^le fut dissoute au commencement du mois de fructidor suivant.

Cependant l'Administration française qui, si elle perd de vue ses archives, n'oublie jamais ses droits, devait, plusieurs années après, évoquer l'ombre de l'association disparue, non pour la ressusciter et lui rendre une partie des capitaux que les assignats avaient anéantis, mais simplement pour lui réclamer une somme de 99 francs qu'elle redevait sur le prix des coupes de La Havetière par suite d'une erreur d'arpentage. Le 4 floréal an XII, un arrêté du préfet, pris à la requête de M. Pailliette, vérificateur de l'Enregistrement et des Domaines, exigeait le paiement de cette somme par les nommés Béchefer père, Templeux, Bouhon-Lagrive, Wandin, Jolivet et Lhoste-Habou.

Ceux-ci ripostèrent par une requête dont nous extrayons les lignes suivantes, qui prouvent bien qu'ils n'avaient pas abandonné d'une façon irrévocable, lorsqu'ils s'étaient séparés, d'idée d'exploiter de nouveau la houillère d'Elion :

« Le 30 thermidor an V, écrivent-ils au préfet, **les circonstances ont forcé les associés à suspendre les travaux pour les reprendre dans un temps plus heureux.** C'était la guerre de la Révolution dans ce temps-là. C'est encore la guerre aujourd'hui qui les empêche de les reprendre... Pourquoi l'Administration a-t-elle attendu si longtemps pour nous réclamer la somme qu'elle demande aujourd'hui, alors qu'elle sait bien que la Société n'existe plus, que les actionnaires sont disséminés dans plusieurs départements, et qu'ils n'ont plus de caisse commune ni même de correspondance entre eux ? »

Le plaidoyer était assez logique, mais le préfet tint bon, et les anciens associés furent condamnés à payer.

VII

Malgré les événements contraires, malgré les désastres financiers dont elles furent victimes, la Compagnie des Mines de Champagne et la société Béchefer peuvent revendiquer l'honneur d'avoir donné une vive impulsion aux questions minières dans le Nord-Est. C'est à leurs travaux que l'on doit le grand mouvement de recherches qui passionna ultérieurement l'opinion publique ardennaise pendant une trentaine d'années et qui devait finir d'une façon si malheureuse par suite d'erreurs et de fautes qu'il n'est point nécessaire de souligner dès maintenant.

Si elles n'ont pas exploité la houillère d'Etion, au sens commercial du mot, leurs découvertes eurent cependant le mérite d'avoir attiré l'attention des chercheurs et des savants. Et ce qui demeure certain, c'est qu'un document subsiste — le rapport de l'Agence des Mines — qui prouve que l'on a trouvé, sinon de la houille véritable, au moins une roche carbonifère qui s'en rapprochait beaucoup (1).

Voilà les faits officiels, incontestables, incontestés, appuyés sur les quelques notes d'archives qui ont

---

(1) Six ans après la chute de la dernière Société, le *Journal des Mines*, revenant sur la question, indiquait encore de nouvelles directions à suivre dans les ouvrages de la fosse d'Étion pour atteindre la veine d'exploitation.

échappé aux bouleversements de la période révolutionnaire.

. Voici maintenant la tradition populaire transmise et répétée aujourd'hui par les habitants du pays.

Ceux-ci affirment qu'il y eut une exploitation réelle, quoique restreinte aux besoins locaux, et que leurs parents brûlèrent du charbon de la Houillère qu'ils allaient chercher au puits dans des brouettes. La chose paraît d'une certaine vraisemblance, du reste, si l'on veut bien se rappeler qu'il y eut, d'après l'état-civil, un « receveur des houilleries d'Etion ». M. Taton, maire actuel de la commune, nous a déclaré à nous-même qu'il y a une trentaine d'années, il existait encore dans le village un vieillard qui se rappelait être allé chercher, étant gamin, de la « pierre de houille » que les ferronniers brûlaient dans leurs fourneaux de forge. Un autre habitant nous a, d'autre part, assuré que son grand'père avait aussi brûlé de cette pierre de houille, **mais qu'elle était très dure et très difficile à enflammer.**

Enfin, d'aucuns prétendent que ce combustible fut expérimenté à la Manufacture d'armes de Charleville, qui en fit plusieurs commandes à la Houillère. C'est même, ajoutent-ils, ce qui fut la cause réelle de la fermeture de la fosse ; car, voyant que le charbon d'Etion était en passe d'entrer dans la phase lucrative et de leur faire une concurrence sérieuse dans la fourniture de la Manufacture et des forges ardennaises, les houillères des pays de Liège et de Namur, profitant de la crise financière dont souffrait la Société Béchefer, auraient acheté aux administrateurs leurs droits d'exploitation et ordonné de combler la fosse (1).

----

(1) Fait curieux à constater : la même opération préventive contre une concurrence imminente aurait été faite, vers la même époque, à une fosse du Pas-de-Calais comblée aussi aujourd'hui. Il fut question, au cours de l'année dernière, d'y repren-

Tout est possible, et il serait bien difficile, à plus d'un siècle de distance, de retrouver les causes vraies de l'abandon du puits d'Etion, abandon opéré au milieu de temps troublés il est vrai, mais dans des circonstances si étranges, après des résultats si concluants, qu'il reste tout de même un doute en faveur de l'hypothèse d'une vente plus ou moins déguisée. Nous avons vu, en effet, que les actionnaires n'avaient tout d'abord arrêté leur exploitation qu'avec l'espoir de la reprendre bientôt, « lorsque des temps meilleurs seraient venus ». Dès lors, on se demande pourquoi, un mois ou deux après cette décision, la fosse fut comblée si précipitamment et les bâtiments vendus ou démolis, quand il était si facile et si logique de conserver les choses intactes.

On peut donc admettre que plusieurs faits concomitants ont amené la disparition de la Société Béchefer :

1° La perte du fonds social par suite de la dépréciation du papier-monnaie ;

2° Les troubles intérieurs et les guerres de la Révolution ;

3° L'achat des droits de la Société par un syndicat de houillères belges ;

4° La qualité du charbon considérée comme mauvaise, étant donnés les appareils de combustion peu perfectionnés dont on se servait alors.

Comme suite logique de cette dernière supposition, une autre question se pose. Quelle était donc la nature minéralogique de cette **pierre de houille** assez riche en charbon pour être brûlée dans les forges du pays et

______

dre les recherches. D'après ce que nous avons lu à ce sujet dans une revue houillère, les habitants affirmaient également, comme ceux d'Étion, qu'on y avait extrait du charbon et que l'exploitation cessa *parce qu'une Compagnie belge acheta les droits des propriétaires.*

pour attirer l'attention de l'Administration des mines ?

Ce pouvait être un schiste carbonifère — comme l'analyse de l'Agence paraît l'avoir indiqué, — ou de l'anthracite, ou encore une houille très maigre. Dans tous les cas, elle ne pouvait guère donner satisfaction aux forgerons qui n'employaient alors que des houilles grasses. Il y a cent ans, l'anthracite était considéré comme une pierre charbonneuse inutilisable et la houille maigre n'avait pas beaucoup plus d'amateurs, au point que, dans les charbonnages du Nord, on négligeait d'exploiter les couches qui renfermaient ce combustible.

« Aussi bien pour les foyers domestiques que pour l'industrie métallurgique, dit M. Georges Villain, dans son livre sur la MÉTALLURGIE AU XIXᵉ SIÈCLE, on commença tout d'abord à n'employer que les charbons gras. Plus tard, on a perfectionné le système des foyers domestiques et des foyers industriels : les Compagnies houillères purent alors développer leurs chantiers dans les couches de houille demi-grasse. Enfin, ce n'est que ces dernières années, depuis l'invention des poêles à combustion lente et des grilles de chaudières perfectionnées, que l'on a dirigé les exploitations sur les charbons maigres, jusque-là quelque peu délaissés, bien que leur position dans le sol permette une extraction avantageuse. Ainsi, cette année même, une grande Société houillère va commencer le creusement de deux puits pour exploiter un faisceau de couches de houille maigre anthraciteuse, **qu'on ne voulut pas entamer jadis.** »

Il n'est donc pas impossible que la **pierre de houille** d'Etion ait été de l'anthracite ou du charbon très maigre et difficilement inflammable. Voici, d'ailleurs, un document officiel qui vient corroborer cette supposition et qui montre en même temps combien on faisait peu de cas, jadis, de ces sortes de combustibles.

Le 17 mai 1815, le préfet des Ardennes ayant invité l'ingénieur des mines à lui donner quelques renseignements sur les anciens travaux d'Etion, celui-ci répond par un rapport dans lequel l'Administration continue à ne rien savoir sur le passé minier du pays. L'ingénieur indique seulement « qu'il y a environ trente ans qu'**un premier puits** fut percé à 500 mètres à peu près du village et que, plus tard, on en pratiqua **deux autres** à faible distance du côté de la forêt. »

Mais, à cette vague documentation, il ajoute des réflexions qui ne manquent point de valeur technique. Tout en ne croyant pas à la présence de la houille grasse dans le sous-sol d'Etion, il ajoute : « **Il y a plus : c'est qu'il serait possible qu'on parvint à y découvrir un gîte d'une certaine houille particulière à ces sortes de terrains, qu'on connaît sous le nom d'anthracite,** mais qui est peu ou nullement combustible, **ce qui ne serait d'aucun usage pour les arts ni pour les besoins domestiques.** »

Or, cet anthracite, si dédaigné en 1815 — et, **a fortiori,** sous la Révolution, — aujourd'hui nous le cotons plus cher que la houille et, si nous avions la bonne fortune d'en posséder dans notre sol, nous pourrions nous estimer plus heureux que nos voisins du Nord, possesseurs des charbons gras. Ce qui ne valait rien pour nos pères, serait la richesse pour nous.

VIII

Quoiqu'il en soit, il reste acquis que l'on a découvert le terrain carbonifère dans les fouilles d'Etion.

C'est là le point capital. Peu nous importe, en effet, pour le moment du moins, que la houille ait été bonne ou mauvaise, grasse ou maigre, simple schiste charbonneux ou anthracite. Ce qu'il nous suffit de retenir et de constater, c'est que l'étage du précieux minéral vient en affleurement sous-jacent dans la série de nos terrains et que, dès lors, ce n'est plus qu'une question de capitaux pour découvrir les bonnes veines.

Aujourd'hui, le vieux puits de Jaier est complètement comblé. Cependant il est encore marqué par une dépression du sol provenant du tassement des terres et profonde à peine de quelques centimètres. La circonférence qu'il forme ainsi a environ une dizaine de pas de diamètre. Des touffes de ronce poussent autour.

Il y a quelques années, le trou était encore très profond ; de l'eau y séjournait ; des arbustes croissaient dans son entonnoir et les oiseaux y faisaient leurs nids. Comme, pour cette raison, les enfants du pays s'y aventuraient parfois, au risque de se noyer ou de se casser bras et jambes, on dut achever de remplir la fosse afin d'éviter toute possibilité d'accidents.

L'ancienne houillère est située au nord-est du village d'Etion, dans une pâture voisine des bois de la Havetière (1). Le chemin de terroir qui va d'Etion à Charleville la laisse un peu à gauche. Un embranchement spécial y conduisait et l'on en peut suivre encore l'amorce jusqu'à la limite de la prairie.

On remarque que le puits a été ouvert à flanc de coteau, sur la rive droite d'un affluent du ruisseau d'Etion qui vient se jeter dans la Meuse auprès du Moulinet. Il est juste de reconnaître que Jaier, malgré son ignorance probable de la géologie, devait avoir une certaine expérience dans les questions minières, car l'emplacement de la fosse est choisi d'une assez heureuse façon. C'est, en effet, exactement à cette petite vallée

_____

(1) Cette pâture faisait partie, naguère encore, des propriétés de Mme Tanton-Béchefer, héritière d'un des administrateurs de l'ancienne Société.

que se trouve la délimitation des schistes et des terrains secondaires. En s'installant en cet endroit à flanc de coteau, drainé en contrebas par le ruisselet, on avait trois avantages immédiats :

1° On évitait la trop grande affluence des eaux qui pouvaient gêner les premiers travaux ;

2° On réduisait au minimum le travail dans les terrains morts et la pose des boisages en ne traversant que très peu de sous-sol meuble (1) ;

3° En pénétrant ainsi entre les deux séries de terrains, on avait des chances d'y rencontrer l'affleurement de la série intermédiaire où généralement repose la houille.

Les terres de déblai qui n'ont pas été rejetées dans le puits forment, sur la pente de la colline, une plate-forme semi-circulaire dont le volume est assez considérable (2). On peut l'évaluer à près d'un millier de mètres cubes. On y remarque de nombreux quartiers de schiste noir. Le gazon y est maigre et disséminé par touffes rares.

<h1 style="text-align:center">IX</h1>

Nouvelle période de recherches

Le rapport de l'ingénieur des mines du 22 mai 1815, cité plus haut, n'eut aucune suite immédiate. On était

----

(1) « A quarante pieds, dit un des mémoires de Baliguet cités plus haut, on a senti le roc bien ferme, en sorte qu'on n'a plus eu à se servir de bois. » Quarante pieds font un peu plus de treize mètres.

(2) On confond quelquefois le puits d'Élion avec un ancien dépôt de dynamite établi en 1870 sur une colline voisine, de l'autre côté du ruisseau, et auprès duquel passe le sentier du Premier-Chatneau qui vient rejoindre plus bas le chemin de la Houillère.

à l'époque des Cent jours. Les événements qui marquèrent cette année et la deuxième restauration des Bourbons ne permirent point sans doute de recommencer les fouilles, si tant est qu'on en eut alors l'intention.

Ce n'est que six ans après que l'Administration se décide à tenter elle-même des recherches pour la découverte du charbon dans les Ardennes. Nous entrons désormais dans une nouvelle phase, pendant laquelle toutes les opérations se feront sous le contrôle et sous la direction des ingénieurs officiels. L'initiative privée n'interviendra plus que pour fournir une partie des capitaux, l'autre partie étant demandée à l'Etat, qui donne d'ailleurs largement, et au département, qui souscrit non moins généreusement.

Ce fut un beau mouvement d'opinion qui dura une trentaine d'années. De 1821 à 1848, ce n'est qu'une longue suite de souscriptions, de subventions locales et ministérielles qui formèrent en définitive un total considérable. Mais c'est aussi une suite de sondages ratés, de procès, d'erreurs flagrantes reconnues trop tard et qui n'aboutissent même pas à une probabilité.

Cela débute par une opération commerciale très modeste : l'achat d'une sonde au compte du département.

Au commencement de 1821, M. Herman, préfet des Ardennes — sur la proposition du Service des Mines, qui semble alors bien persuadé de l'existence du houiller aux environs de Mézières, — décide de prélever une somme de 300 francs sur les dépenses imprévues du budget pour acquérir un appareil de sondage. Le ministre ayant approuvé cette résolution par lettre du 26 février suivant, des pourparlers sont aussitôt engagés avec la Compagnie d'Anzin qui accepte de faire l'outil dans ses ateliers sans prélever aucun bénéfice. Le 26 mai, la sonde est amenée à Mézières par le voiturier Cochart, d'Harcy. Elle pèse 256 kil., toutes pièces comprises et revient exactement à 256 francs, plus 30 francs de transport.

Deux mois après, le 21 juillet, M. Thirria, ingénieur des mines (1), adresse au préfet un rapport préliminaire où il expose les raisons qui lui font croire à la présence du terrain carbonifère dans l'Ardenne française. Nous en extrayons les lignes suivantes dont on pourra comprendre toute l'importance :

« La chaîne des Ardennes, écrit-il, se dirige du sud-ouest au nord-est. Les sommités les plus hautes se trouvent dans l'ancien département de l'Ourthe, aujourd'hui en Belgique. L'axe de cette chaîne doit passer à peu de distance au nord de Mézières et, en le supposant prolongé, il doit couper l'extrémité méridionale du pays de Liège et la partie septentrionale du département de l'Aisne.

« Cette chaîne est formée de deux terrains différents pour l'époque de leur formation. L'un est dit **de transition**, c'est le terrain ardoisier dont les couches alternatives de schistes argileux, de grauwake, de quartz grenu et de calcaire ont généralement la même direction. L'autre, postérieur, en recouvrement sur le premier, contient les houilles et se compose d'un calcaire dit **bituminifère**, de grès et de schistes argilo-bitumineux **dont les couches inclinées**, alternant entre elles, **offrent des liaisons remarquables avec le terrain inférieur, surtout sur ses bords**, et ont une direction à peu près semblable, c'est-à-dire celle du nord-est au sud-ouest.

« Les bassins houillers de Liège, Mons, Valenciennes et Douai, se trouvent d'un même côté des Ardennes dans la formation bituminifère qui lui est adossée. De l'autre côté, dans un terrain semblable, se trouvent

____

(1) M. Thirria était alors aspirant au corps royal des mines. L'ingénieur en chef était M. du Peyrat.

lés bassins houillers de la Moselle et de la Sarre. Un fait géologique très important est que ces bassins houillers sont, de part et d'autre, groupés dans une direction constante qui est la même que celle de l'axe des Ardennes et des principales chaînes de montagnes qui traversent l'Europe. La première bande houilleuse se prolonge parallèlement aux côtes de la mer du Nord (ce résultat est très remarquable) jusqu'auprès de Bayeux, dans le département du Calvados, où se trouve la mine de houille de Littry, et même jusque dans le département du Finistère, près de Quimper, où le terrain houiller a été reconnu. En outre, il existe une exploitation de houille à Montrelais, département de la Loire-Inférieure, et si nous tirons une ligne de ce point vers les houillères de la Sarre et de la Moselle, cette ligne sera parallèle à la bande de terrain houiller situé entre Liège et Bayeux et traversera les départements de la Meuse et de la Marne, l'un à Châlons, l'autre entre Verdun et Clermont.

« La conclusion qu'on doit tirer de cette observation intéressante est que, des dépôts houillers existant entre ceux de Liège et de Bayeux, il serait possible qu'on en trouvât aussi entre ceux de Montrelais et de Sarrebrück, et conséquemment dans les départements de la Meuse et de la Marne, ou sur les confins du département des Ardennes, puisqu'ils sont situés dans la direction qu'affectent les bandes houilleuses. Cette direction constante des formations houillères a été remarqué non-seulement dans le Nord, à Liège, à Mons, à Valenciennes, à Littry, mais encore dans le Midi de la France, entre Loire et Rhône, aux mines de Rive-de-Gier et de Saint-Etienne. En Angleterre, les bassins houillers sont distribués sur une même ligne qui va du sud-ouest au nord-est ; le dépôt le plus méridional est aux mines de Mendip Hills, et de là les couches s'étendent à travers les districts du centre et du nord jusque dans le Northumberland, où l'exploitation principale est à Newcastle.

« **Il est une autre considération qui me porte à regarder comme possible l'existence d'un bassin houiller dans la partie méridionale du département ou dans le voisinage**, c'est que nous avons à Montcy, près de Mézières, dans le schiste ardoisier, un calcaire de transition analogue et presque contemporain à la formation du calcaire bituminifère qui accompagne les houilles — formation à laquelle on doit rapporter les calcaires de Givet et de Dinant sur lesquels s'appuient les bassins houillers de Huy et de Namur. **La présence de ce calcaire de transition peut faire présumer que nous ne sommes pas, à Mézières, très éloignés de la limite du terrain ardoisier, et qu'à cette limite on pourra trouver, sous le terrain secondaire, une formation houillère** comme on a trouvé de l'autre côté de la chaine des Ardennes, **aussi à la limite du terrain ardoisier**, les bassins houillers de la Flandre et de la Belgique.

« Telles sont, monsieur le Préfet les observations que l'on peut faire valoir en faveur de l'existence d'un dépôt houiller dans notre région. Elles sont, en résumé, fondées :

« 1° Sur la direction constante des bandes houilleuses en France, en Belgique, en Angleterre, direction qui est celle du Nord-Est au Sud-Ouest, parallèlement aux principales chaines de montagnes qui traversent l'Europe ;

« 2° Sur ce qu'une ligne qui joindrait les bassins houillers de la Moselle et de la Loire-Inférieure passerait non loin de l'extrémité méridionale du département des Ardennes ;

« 3° Sur ce que la limite du terrain ardoisier ne peut être éloignée de Mézières et qu'à cette limite il est possible de retrouver la formation bituminifère qui contient les houilles. »

En septembre de la même année, l'Administration préfectorale demande à M. Thirria un devis approximatif des frais à prévoir pour un forage d'une profondeur de 170 à 175 mètres. Celui-ci, depuis quelque temps déjà, est occupé à faire des recherches dans le département pour servir de base aux sondages que l'on désire entreprendre. Le 23 septembre, il fait une reconnaissance dans la vallée de Noirval où — peut-être à cause du nom — il espère découvrir des traces du carbonifère.

Il répond seulement le 18 novembre à la lettre préfectorale : « A Anzin, écrit-il, pour traverser 80 mètres de calcaire crayeux, on dépense 2,400 francs. Pour atteindre 160 mètres, quatre ouvriers travaillant jour et nuit pendant cinq mois, la dépense est de 5.000 fr. Le mètre coûte donc, dans ces terrains, de 30 à 31 fr. On peut conclure de ces données que, pour atteindre 170 à 175 mètres, **profondeur à laquelle nous comptons obtenir un résultat positif ou négatif**, il faut tabler sur une dépense de 5.000 à 5.500 francs plus 500 francs pour achat de machines et d'outils. C'est donc une somme de 6,000 francs qu'il faut sacrifier par année pour faire des sondages sérieux. »

Cependant, ces études préliminaires faites par l'Administration ont déjà eu leur répercussion dans l'opinion publique. Des industriels de Sedan, MM. Cunin-Gridaine, Devillez-Bodson et Paul Bacot, ont demandé au préfet de commencer les recherches le plus tôt possible, offrant de prendre, au besoin, une partie des frais à leur charge. Mais, pour faire un sondage, il ne suffit point d'avoir une sonde : il faut encore des ouvriers expérimentés pour la manœuvrer et il n'en existe point dans le pays. Le 3 décembre, M. Cunin-Gridaine écrit au préfet pour le prier d'envoyer à Anzin deux ouvriers sérieux, afin qu'ils y apprennent la manœuvre des outils. Il déclare que ses amis et lui acceptent de payer, conjointement avec le département, les frais de séjour et de salaire de ces ouvriers. En retour, et en échange de cette instruction gratuite, ceux-ci s'engageront à se mettre à la disposition du Service des Mines lorsqu'il sera nécessaire.

On désigne, en effet, des ouvriers pour aller à Anzin. Ce sont les nommés François Bastien, propriétaire à Hiraumont, commune de Rocroi, et un jeune homme d'Evigny nommé Avaux.

Pendant ce temps, M. Thirria est toujours occupé dans la vallée de Noirval. Le 24 décembre, il y commence un nouveau sondage qui ne donne aucun résultat.

Toute l'année 1821 s'est ainsi écoulée en préparatifs et en négociations.

La suivante débute par une circulaire en date du 5 janvier et signée de MM. Devillez-Bodson, Cunin-Gridaine, Bouhon et Paul Bacot, qui se sont constitués en Comité provisoire pour recueillir des souscriptions. Cette circulaire est accompagnée d'un bulletin d'adhésion. Elle indique que les recherches auront lieu sous la direction de l'ingénieur des mines « et avec la bienveillante sollicitude de M. le Préfet qui a accepté la présidence honoraire de la future association ». Les souscriptions doivent être faites chez M. Bouhon, 12, faubourg du Rivage, à Sedan. « En cas de succès, la masse des souscripteurs, agissant en Société, sera considérée comme inventeur et appelée de préférence soit à la propriété des exploitations, chacun recevant des parts de fondateur proportionnellement à la souscription versée, soit à recevoir les indemnités que la loi assure aux auteurs de semblables découvertes, dans le cas où les propriétaires de surface réclament et obtiennent la préférence pour la concession des mines à exploiter. »

Le 21 février, les deux ouvriers sondeurs reviennent d'Anzin avec des certificats indiquant qu'ils sont désormais aptes à travailler à la manœuvre des appareils de forage. Mais alors on s'aperçoit que les articulations de la sonde seront insuffisantes. Avant de commencer, on demande à M. Clère, ingénieur en chef des mines d'Anzin, d'ajouter à la première sonde les pièces nécessaires et d'en confectionner une seconde pour le cas où un accident surviendrait au cours des opérations.

X

Recherches de Givet et de Foisches

C'est pendant ces lenteurs et ces négociations que se placent les tentatives infructueuses faites sur les territoires de Givet, de Foisches et de Doisches. Le 1ᵉʳ avril 1822, un instituteur de Givet, nommé François-Xavier Vauthier, formait une demande de concession houillère pour la zône des terrains avoisinant Givet-Saint-Hilaire. Le 30 du même mois, une autre demande était faite par un sieur Malteaux, propriétaire, à Gimnée (Belgique), pour la concession des mines de charbon à découvrir sur le territoire de la commune de Foisches.

La valeur de ces pétitions fut contestée par M. Auguste Crépy, de Mézières. Dans une lettre en date du 10 juin suivant, adressée au préfet, M. Crépy revendiquait la priorité du droit de recherches sous prétexte qu'il avait déjà fait une demande semblable au maire de Givet, le 10 avril. Cet argument ne fut pas admis par l'Administration qui répondit par une fin de non-recevoir.

La chose était d'ailleurs inutile, car Malteaux et Vauthier ne devaient, en définitive, tirer ni plus ni moins de profit de la concession en litige. Associés tacitement, les deux géologues improvisés avaient combiné leurs demandes de façon à accaparer les territoires dans le sous-sol desquels ils croyaient trouver la houille. C'était vendre la peau de l'ours avant de l'avoir abattu, car ils n'avaient fait jusque-là que des travaux très sommaires et leurs espérances, basées sur des données d'une naïveté toute primitive, indiquent seulement que les instituteurs de cette époque n'avaient guère de commun que le nom avec ceux d'aujourd'hui.

Le 14 mai 1822, M. Parrot, ingénieur des mines, qui avait succédé à M. Thirria, s'étant rendu à Givet pour questionner Vauthier sur sa prétendue découverte, apprit de celui-ci « qu'un **homme infaillible** lui avait désigné le terrain houiller sur le territoire de Doisches (Belgique), au moyen de la baguette divinatoire et qu'un maître de fosse de Charleroi lui avait confirmé le fait ». C'est là qu'il avait fait commencer les fouilles et le brave maître d'école assurait qu'il avait déjà trouvé « des indices ».

M. Parrot, s'étant rendu sur les lieux, constata que le trou n'avait pas plus de 5 à 6 mètres de profondeur qu'il était pratiqué dans des terrains de transport et que les indices en question n'étaient que des coquillages sans relation aucune avec le carbonifère.

L'ingénieur essaya de démontrer à Vauthier qu'il faisait fausse route, mais l'homme se buta à son idée de continuer. Il y usa ses outils sans résultat.

Quant aux travaux sur Givet et sur Foisches, il n'en existait aucune trace. Malteaux et Vauthier, échafaudant la lune et rêvant de millions, avaient demandé ces concessions en prévision d'un avenir qu'ils croyaient doré.

Il va sans dire qu'il ne fut donné aucune suite à leur pétition.

XI

Le Marbre de Montcy

A la même époque, on exploitait, dans une carrière située entre Montcy-Notre-Dame et Nouzon, à quelques centaines de mètres de l'auberge de la Forêt, un banc de marbre noir moucheté, que l'on peut géologiquement assimiler à celui des environs de Givet (1). Cette carrière appartenait à MM. Bourguignon-Tanton et Roger Troyon, ce dernier négociant à Sedan. Le 13 mai 1822, une lettre du sous-préfet de cette ville annonçait à la Préfecture que M. Bourguignon, en approfondissant les fouilles de son exploitation, avait découvert une espèce de pierre assez semblable à l'ardoise, mais très noire et qui paraissait indiquer la proximité d'une mine de houille.

Le 30 mai suivant, M. Roger Troyon arrive de Sedan pour vérifier lui-même les indices signalés par son associé. M. Parrot se rend également à la carrière, mais c'est pour ramener l'enthousiasme des chercheurs à de plus justes proportions.

« Il a bien vu, dit-il dans son rapport, le schiste noir dont il est parlé. Cette roche fait partie du système qui supporte la couche de marbre de Montcy. Elle est de la nature des schistes ardoisiers et, comme eux, colorée

____

(1) Cette carrière avait été ouverte en 1781 par les sieurs Toullez et Chevallot qui avaient découvert le banc de marbre de Montcy et obtenu l'autorisation de l'exploiter.

en noir par une petite quantité de carbone. Mais jamais la formation à laquelle elle appartient n'a présenté l'exemple d'une véritable houille.

« **Cependant**, ajoute-t-il, **elle contient, dans certains pays, un combustible minéral de peu de qualité nommé anthracite**; mais ce combustible ne s'est nulle part montré en quantité suffisante dans toute l'étendue des Ardennes pour mériter une véritable exploitation. »

Nous avons visité la carrière de Montcy, dont l'exploitation a été délaissée depuis longtemps. Elle forme aujourd'hui une excavation profonde couverte par les broussailles d'une garenne. Elle est située à gauche de la route de Montcy-Notre-Dame à Nouzon, à la naissance d'un vallon qui vient aboutir près de la Folie-Roger. La masse calcaire qui fournissait le marbre, encore visible en certains endroits, forme un banc de 8 à 9 mètres de puissance intercalé entre les couches schisteuses. Elle est très fendillée et traversée par de nombreuses fissures. « C'est sans doute, disent MM. Sauvage et Buvignier, une des raisons qui ont fait abandonner l'exploitation. Mais, d'un autre côté, les travaux n'ont peut-être point été continués sur une assez vaste étendue. On aurait pu mettre le banc à découvert sur une plus grande hauteur en profitant, pour établir un canal d'écoulement, du petit vallon voisin de la carrière. »

C'est aussi notre avis. Nous sommes persuadés que l'exploitation de ce banc de marbre pourrait être reprise avec chances de bénéfices, si l'on voulait, au lieu de s'en tenir à l'extraction du calcaire d'affleurement, dégager les couches profondes certainement compactes et utilisables. Il en est de même de tous les minéraux utiles, toujours plus ou moins détériorés par les agents chimiques et physiques et par les causes multiples de la surface. Il n'est jamais venu à l'idée d'un mineur de travailler l'ardoise aux affleurements. Ce n'est qu'après avoir déblayé une certaine quantité de roc qu'on peut commencer à exploiter.

D'autre part, le calcaire fendillé et les débris résultant de l'exploitation pourraient être employés soit comme castine dans les fonderies de fonte malléable de la vallée de la Meuse, soit encore pour la fabrication de la chaux.

Une argile schistoïde noire, très chargée en carbone, qui n'a pas été signalée jadis par M. Bourguignon-Tanton, forme une couche peu épaisse qui repose directement sur le banc de marbre. Sa couleur caractéristique tranche fortement avec celle du schiste terreux qui la surmonte (1). **Celui-ci est fossilifère et présente des traces d'impressions végétales.** En voyant ces roches, toutes différentes d'aspect de nos schistes ardoisiers ordinaires, la pensée vient immédiatement qu'on se trouve en présence d'un terrain de formation spéciale qui n'a que des relations de voisinage avec ceux-là.

Chose utile à remarquer : la direction du système est sensiblement est-ouest, et cette ligne prolongée va passer aux environs de la houillère d'Etion. Le marbre de Montcy ne serait-il pas un des bancs de ce roc « dur et noir comme le chapeau », dont parle Baliguet dans ses rapports relatifs au creusement du puits Jaier ?

Enfin, si nous consultons de nouveau le rapport de l'ingénieur des mines du 22 mai 1815, nous verrons qu'on retrouve, tant à la carrière de Montcy qu'au puits d'Etion, les roches caractéristiques des terrains carbonifères. Le texte officiel dit en effet :

---

(1) Exposée à l'air, cette argile prend très rapidement une couleur grise en produisant des efflorescences blanchâtres. On peut la considérer comme un schiste bituminifère.

« La formation houilleuse est signalée : 1° par une espèce particulière de houille que les gélogues désignent sous le nom de **houille des grès** ; 2° par des roches schistoïdes dites **argiles schisteuses**, dont les unes sont plus ou moins **bitumineuses et noires**, tandis que les autres sont **grises et terreuses**, quelquefois micacées et souvent aussi **couvertes d'impressions végétales** ; 3° par des agglomérats à grains plus ou moins fins qu'on appelle grès, dont quelques-uns sont également micacés et qui s'éloignent du combustible ; 4° par des brèches à gros noyaux ; 5° enfin par des **calcaires bleuâtres** qui bordent la zône houilleuse sur plusieurs points apparents et qui forment en quelque sorte une limite naturelle entre elle et les terrains qui lui sont étrangers et qui lui succèdent de part et d'autre. »

XII

Nouvelle tentative de recherche à Etion : Camus, Cassan père et consorts.

Cependant l'année 1822 avait passé comme celle de 1821, sans aucun résultat, bien que le Conseil général ait voté une somme de 1.500 francs de subvention à inscrire aux budgets de 1822 et de 1823. Enfin, le 14 janvier 1823, le préfet demande à M. l'ingénieur Parrot que les opérations, différées jusque-là, soient commencées le plus tôt possible.

Mais un contre-temps nouveau se produit : le 10 mars, l'un des ouvriers sondeurs, le jeune Avaux, d'Evigny, s'est engagé pour remplacer à la caserne un conscrit plus riche nommé Henriet. Le préfet a beau lui rappeler l'obligation qu'il a contractée vis-à-vis de l'Administration pour son voyage d'apprentissage à Anzin et même lui réclamer la somme de 320 fr.

équivalente aux frais de cet apprentissage, Avaux n'en part pas moins pour le régiment, après avoir expliqué, dans une lettre à M. Herman, qu'il ne peut rien rembourser, le prix de son remplacement étant déjà affecté à payer des dettes et à nourrir sa mère infirme.

Voilà donc l'Administration sans ouvriers. Elle décide cependant de commencer les travaux et, à cet effet, elle délivre le 28 avril un mandat de 1.560 francs, comme avance, à M. Buisson, géomètre des mines à Mézières, nommé régisseur des travaux de sondage depuis 1821. L'année se passe pourtant sans qu'aucun coup de pioche ou de sonde soit donné.

Il en est de même pour l'année 1824. La seule note administrative qui en reste est une lettre du préfet aux maires du département leur ordonnant de mettre le garde-champêtre à la disposition de MM. Parrot et Buisson pour les recherches géologiques. Le Comité provisoire constitué par MM. Cunin-Gridaine et Bouhon ne donne plus signe de vie. Le 9 juin, M. Parrot écrit au préfet qu'il n'a pas encore fait de recherches et qu'il a recommandé à M. Buisson de ne pas entamer le crédit qui lui a été remis, sans approbation préalable.

Ce n'est que vers le milieu de l'année 1825 que le mouvement des recherches semble vouloir reprendre une allure active. Elle se manifeste à la fois de la part de l'Administration et de la part de l'initiative privée. A cette époque, en effet, surgit un nouveau syndicat qui se propose de reprendre les travaux de la houillère d'Etion, tandis que les ingénieurs de l'Etat se décident à commencer un forage dans la vallée de Prix. Nous parlerons de celui-ci plus loin.

A la tête du syndicat d'Etion se trouvent MM. Camus, maire de Charleville; Cassan père, et les anciens actionnaires de la Société Béchefer, qui revendiquent enfin leurs droits.

Dans leur **Proposition de continuer,** en date du 26 juillet 1825, MM. Camus, Cassan père et consorts écrivent les lignes suivantes :

« Les actionnaires de la fosse ouverte sur le territoire d'Etion, forts de leurs premiers travaux, réveillés par les espérances presque certaines de succès lorsque des événements malheureux vinrent les disperser et suspendre leurs opérations, désirant les reprendre dans ce moment de paix et admettre de nouveaux actionnaires en remplacement de ceux qui n'existent plus, ne croient pas inutile, à la croyance facile à ébranler, de détruire quelques mots hasardés contre leur entreprise (1).

« On a dit :

« 1° Les travaux ont été depuis longtemps abandonnés, suite de dégoût, conséquemment en désespoir de succès ;

« 2° Les ouvrages ont été poussés dans un terrain intermédiaire où il ne peut exister de houille, — ou dans une situation trop élevée ;

« 3° Ils ont été mal dirigés dans le sens contraire au transversal.

« Ces assertions, d'une opinion particulière, ne sont point exactes en partie, ni d'accord de l'autre avec nos autorités les plus avérées en géo-minéralogie qui nous disent :

« La houille, minéral aussi utile que le fer, a été répandue comme lui sur toute la surface de la terre et, par une faveur toute particulière, la France et l'An-

____

(1) Ces lignes visaient un rapport administratif qui prétendait qu'il fallait reporter les sondages plus au sud si l'on voulait enfin découvrir la houille. Idée très admissible d'ailleurs, mais qui, on le verra bientôt, devait coûter cher.

gleterre sont le plus abondamment comblées de ce bienfait. Ses placements en sont secrets, insubordonnés aux systèmes des hommes. La nature s'est plue à la confier aux sites les plus opposés, comme si, en cela, elle eut voulu aiguillonnner leurs recherches en tous lieux, sans distinction et sans mesure. Ici, tout un département n'est qu'un amas de houille à peine recouvert d'atterrissements sur plusieurs de ses points (Jemmapes). Là, des couches d'atterrissement différemment composées la recouvrent de plusieurs centaines de pieds. Elle prend cinq à six pieds de puissance (épaisseur), recouverte à son tour de 60 à 70 pieds de schiste argileux, grès et argile, sous lesquels vient une nouvelle couche plus épaisse encore et à quantité de lieues d'étendue. Beaucoup de houillères sont dans les roches primitives, telles les riches mines du Forez et de l'Auvergne. Beaucoup d'autres, très importantes, sont dans les terrains secondaires, telles celles de Flandre et d'Angleterre. Leur course, leur enfoncement, comme leur élévation, varient à l'infini, depuis 15 à 20 lieues et plus d'étendue sur plus de 2.400 pieds au-dessous du sol (Liège). Plusieurs s'exploitent à des mille toises au-dessus de la mer, telles celles des Cordillières, au Pérou, qui sont à 2.200 toises perpendiculaires au-dessus de l'océan. Sur le lac de Genève, au sommet des montagnes de Saint-Gingouphe, dites les Châlets, à 700 toises au-dessus de la mer, contre l'ordinaire, une houillère très considérable s'exploite entre des bancs de calcaires noirâtres sulfuro-bitumineux, **semés de carbonate calcaire blanc de la nature de ceux offerts à l'extraction au terme où se sont arrêtés les travaux de la fosse d'Etion.**

« Ces travaux n'ont pas été non plus dirigés dans un seul sens, ce que prouve la fosse ; et dès que la houille s'étend à plusieurs lieues, il y a toujours économie de temps et de dépenses à plonger verticalement un cube de terrain. Les mineurs viennent d'opérer ainsi à Abscon, près de Bouchain, où ils viennent de rencontrer la houille à 342 pieds perpendiculaires avec la sonde et une dépense de 3.000 et quelques francs.

« De tous ces faits avérés, le Conseil des Mines consulté ainsi que des mineurs expérimentés, il résulte que la fosse reprise sur sa bonne veine à 222 pieds, là où on s'est arrêté, peut être continuée en toute confiance ; que, par une nouvelle dépense de 4.000 à 5.000 francs, on parviendra à 300 ou 400 pieds et que les nouveaux produits régleraient la conduite ultérieure qu'auraient à tenir les actionnaires, lesquels prendraient pour règle les anciens règlements de la Société Béchefer, auxquels il serait apporté les modifications déterminées par les événements.

« Les actionnaires, régénérés par la présente souscription, sans préjudice aux droits déjà acquis aux anciens actionnaires absents et qui pourraient se représenter en conformité des précédents réglements et de ceux à intervenir, proposent de former une Société dont le capital se composera de 40 actions. Il pourra être pris plusieurs actions, mais non dépasser le nombre 40. Il sera payé par chaque quarantième une somme de 100 francs, pour former un fonds de 4.000 francs au moment de la mise en activité des travaux, le surplus payable à réquisition, après absorption de la première mise. »

Plusieurs de ceux qui nous liront trouveront sans doute que cette longue dissertation des anciens actionnaires d'Etion n'est pas d'un français très correct, mais peu importe. Nous avons tenu à la publier telle que nous l'avons copiée sur l'original conservé aux Archives, afin de lui laisser toute l'authenticité désirable.

Au reste, elle n'en donne pas moins de très utiles indications.

Le 6 novembre suivant, a lieu une première réunion des nouveaux souscripteurs. M. Cassan père est chargé du rapport. Après avoir rappelé l'utilité de la houille et fait un nouvel exposé géologique analogue à celui déjà cité plus haut, il écrit :

« Ces vérités n'avaient point échappé à nos devanciers qui, d'après l'autorité des anciens habitants d'Etion, se livrèrent à différentes époques à des recherches qu'ils furent obligés d'arrêter par la faiblesse de leurs moyens, les signes extérieurs, guides ordinaires, ainsi que **les extraits n'en étant pas moins restés constants et notoires.** »

Il fait ensuite un rapide historique de la Société Béchefer et rappelle que la nouvelle firme, approuvée par le préfet et appuyée pécuniairement par le maire de Charleville, compte parmi ses membres les débris de cette ancienne association. La nouvelle Société reprend entièrement les droits de l'ancienne.

Il termine en affirmant son espoir d'un succès prochain. Pour cela, il se base sur ce que tous les départements à montagnes schisteuses et ardoisières (Manche, Mayenne, Maine-et-Loire, Calvados) possèdent des mines où s'exploite le charbon. « Pourquoi, demande-t-il, avec les indices recueillis et surtout qu'aucun sondage assez profondément poussé ne nous a point encore condamnés, n'en serait-il pas de même chez nous ? »

En même temps, plusieurs négociants ardennais offrent de fournir par souscription une somme de 30.000 à 40.000 francs pour la reprise des travaux. Le 31 octobre, le préfet demande des instructions au ministère de l'Intérieur qui répond qu'il faut encourager cette intéressante initiative.

Il semble donc que les fouilles vont être reprises à Etion, cette fois au moyen de la sonde. MM. Camus et

Cassan père l'annoncent en effet par lettre du 3 mars 1826, au préfet des Ardennes, qui en accuse réception trois jours après, en formant des vœux chaleureux pour le succès des nouvelles recherches.

Mais bientôt l'idée est abandonnée et c'est celle de l'Administration qui l'emporte. Elle a commencé, quelques mois auparavant, un forage dans la prairie de Prix, aux environs de Mézières. Les souscripteurs se sont ralliés à la théorie des ingénieurs de l'État et les anciens actionnaires Béchefer disparaissent pour faire place à un Comité provisoire chargé de rédiger les statuts d'une autre association qui a pour but de reprendre pour son compte les travaux officiels.

XIII

Société anonyme de recherche des houilles du département des Ardennes.

Le nouveau Comité n'est pas, comme on va le voir, composé de gens inconnus. Il réunit au contraire, autour de sa table de délibération, les personnalités les plus marquantes de l'époque dans la noblesse et la bourgeoisie ardennaises. Il comprend onze membres, qui sont :

1° M. Antoine-Edouard Herman, préfet des Ardennes, chevalier de la Légion d'honneur ;

2° M. Jean-Baptiste Nyel, directeur des Contributions indirectes du département, chevalier de la Légion d'honneur ;

3° M. Louis-Roland de Mecqueneni, secrétaire général de la Préfecture, chevalier de la Légion d'honneur ;

4° M. Louis-Philippe Desrousseaux, entrepreneur général de la Manufacture d'armes de Charleville, membre du Conseil général ;

5° M. Alexis-Simon de Wacquant, ancien brigadier des gardes du corps du roi, chevalier de l'Eperon d'or de Rome ;

6° M. Lambert-Joseph Gille, contrôleur de comptabilité des Contributions indirectes ;

7° M. Jean-Baptiste Bernard-Gridaine, manufacturier, à Sedan ;

8° M. Camille-Nicolas Rousseau, négociant, à Sedan, membre de la Chambre consultative des manufactures, fabriques, arts et métiers ;

9° M. Nicolas Roger-Gilmaire, négociant, à Sedan ;

10° M. Pierre-Frédéric Bacot, manufacturier, à Sedan, stipulant tant en son nom personnel qu'au nom et comme se portant fort de M. Paul-Alexandre Bacot, manufacturier, chevalier de la Légion d'honneur ;

11° M. Antoine-Honoré Bernard, manufacturier, à Sedan.

Le Comité se réunit le 1er juin 1826, chez M. Nyel, à Charleville, et rédige, avec le concours de MM. Renaudin et Stévenin, notaires, les statuts de la future Société. L'acte est enregistré le 2 juin par M. Paillette.

L'article 1er stipule qu'il sera formé une Société libre et anonyme entre les propriétaires, négociants, fonctionnaires et autres qui adhéreront auxdits statuts, pour faire effectuer dans chaque arrondissement des Ardennes, s'il y a lieu, les recherches convenables pour la découverte de la houille, en remplissant toutefois les formalités indiquées par la loi du 21 avril 1810 et par le paragraphe 1er de l'instruction ministérielle du 3 août de la même année.

La durée de la Société sera de dix années, à dater du 1er juillet 1826 pour finir le 30 juin 1836. Néanmoins, elle pourra cesser de plein droit à l'instant où les recherches auront eu du succès ou lorsqu'on aura acquis la certitude de la non-existence du charbon.

En cas de découverte d'une masse de houille, il sera créé une nouvelle Société dont feront partie tous les souscripteurs, et des demandes de concession seront faites en leur nom au ministère.

Le siège de la Société est à Mézières. Le fonds social en sera fait au moyen d'une souscription ouverte dans toutes les communes du département. Le minimum de chaque souscription ne pourra être inférieur à 50 fr., et la Société ne pourra avoir d'effet que lorsque les fonds recueillis auront atteint 20.000 francs au minimum. A cet effet, des registres seront ouverts dans chaque chef-lieu de canton et les paiements pourront être faits soit en une seule fois, soit par cinquièmes. Les parts seront transmissibles.

Enfin, l'ingénieur des mines du département sera désigné comme directeur des travaux et le Conseil général de la Société se composera des vingt-cinq plus forts souscripteurs. Il devra être renouvelé à l'expiration de la troisième année :

Le 4 juin, le Comité provisoire, agissant aussitôt sa constitution, envoie la circulaire suivante aux personnes qu'il juge susceptibles d'encourager la nouvelle tentative :

« Mézières le 4 juin 1826.

« Monsieur,

« Depuis long-tems on forme des vœux pour découvrir de la houille dans le département des Ardennes ; à diverses époques, des recherches ont été effectuées sur le territoire d'Etion ; mais la Compagnie qui les avait entreprises fut obligée de les abandonner. Il y a huit à dix mois, elle appela de nouveaux sociétaires, afin de pouvoir reprendre ses travaux ; la plupart exprimèrent la volonté de changer cette Compagnie, qui était en nom collectif, et de la constituer en Société anonyme pour rechercher la houille dans l'étendue du département. Différentes causes ayant empêché, jusqu'à ce jour, la formation de cette nouvelle Société, nous avons adopté l'idée manifestée par une élite d'hommes honorables ; nous avons créé **une Société anonyme de recherche des houilles du département des Ardennes.** Déjà beaucoup de propriétaires, de négociants, de fonctionnaires, reconnaissant le besoin de procurer au pays une nouvelle source de richesses, concourent avec nous pour résoudre le problème dont l'industrie attend la solution avec impatience.

« Les statuts de notre association sont arrêtés ; un Conseil général composé des principaux souscripteurs ordonnera toutes les opérations. Les travaux seront dirigés par un ingénieur des mines. Dans chaque arrondissement un Comité administratif veillera aux intérêts communs. Enfin, nous offrons une garantie qui nous permet d'espérer votre adhésion aux statuts dont nous avons l'honneur de vous adresser un exemplaire.

« Agréez, Monsieur, l'assurance de notre considération très distinguée.

« Les membres du Comité provisoire,

« E. HERMAN, président ; Jean-Baptiste BER-
« NARD-GRIDAINE, ROGER-GILMAIRE, NYEL, DES-
« ROUSSEAUX, Camille ROUSSEAU, Frédéric BA-
« COT, BERNARD, de WACQUANT, GILLE, de MEC-
« QUENEM. »

XIV

Sondage de Prix :
Découverte d'un jet artésien salin.

Ainsi que nous l'avons dit précédemment, à la même

époque où MM. Camus, Cassan père et consorts cherchaient à reprendre les travaux d'Etion, l'Administration se décidait enfin à commencer elle-même des recherches sérieuses. Le 20 juin 1825, elle engageait aux mines de Ronchamps un maître sondeur nommé Frédéric Paul. Celui-ci, avant de se rendre à son nouvel emploi, passe tout d'abord cinq jours à la houillère de Champagney pour examiner les ouvrages. Arrivé dans les Ardennes, vers le 1er juillet, il se rend aussitôt à Rethel où se trouvent les sondes et les ramène à Mézières.

MM. Parrot et Buisson, qui ont de nouveau reçu, dans le courant de l'année 1824, une somme de 1.500 francs votée par le Conseil général, ont résolu de commencer les travaux en régie. Se basant sur les résultats obtenus par les anciens concessionnaires de la Houillère, ils pensèrent qu'on arriverait plus facilement aux couches exploitables en reportant les sondages vers le sud. Le raisonnement était soutenable. Mais alors il fallait s'attendre à traverser toute l'épaisseur du lias, c'est-à-dire — étant données la forte inclinaison des couches schisteuses et leur discordance de stratification avec les étages secondaires — à pousser les fouilles bien plus profondément qu'à Etion.

C'est ainsi que l'équipe s'établit dans la prairie de Prix, à gauche de la Meuse, dans le quadrilatère de terrain circonscrit d'un côté par le fleuve et des trois autres par la route qui va du village à Warcq par les fermes de Praelle. Les premiers travaux pour déterminer la position du forage commencèrent le 8 juillet 1825. L'emplacement du trou de sonde fut choisi à 300 ou 400 mètres du fleuve, entre les ruisseaux de Praelle et de Warnécourt. Il est encore indiqué aujourd'hui par quelques moellons calcaires provenant d'un puits de trente pieds de profondeur que l'on creusa tout d'abord pour l'installation de l'ouvrage. Ces pierres se trouvent le long du sentier de Praelle, dans une dépression de la prairie où commence un fossé d'écoulement qui va finir, un peu plus loin, dans le ruisselet voisin.

Dès lors le forage marcha d'une façon normale quoique lente. La sonde eut à traverser tout d'abord des couches alternatives de calcaire argileux et de marne mêlées de sable jusqu'à 40 mètres, qui exigèrent l'enfoncement de 30 mètres de tubes ou buses de tôle soudées en cuivre dans leur longueur et réunies bout à bout par des soudures à l'étain. Après avoir traversé le premier et le second étage du lias, on venait d'atteindre la base des calcaires à gryphites (1) à la profondeur de 143 m. 50 (140 mètres au-dessous du niveau de la Meuse), lorsqu'en donnant un dernier coup de sonde, le 13 janvier 1827, l'instrument s'enfonça brusquement de 16 centimètres dans une couche de gravier, sans que l'on remarquât d'ailleurs aucun changement dans les eaux qui remplissaient le trou. Mais, le lendemain, après le curage, un jet d'eau jaillit tout à coup à 0 m. 50 au-dessus du niveau du sol, c'est-à-dire à 4 mètres au-dessus du niveau de la Meuse.

Cette eau était salée. Analysée par M. Wahart, pharmacien à Charleville, elle contenait 2 1/4 de sel p. 100 d'eau. Sa densité était de 1010. Elle marquait 1° 1/4 à l'aréomètre de Beaumé.

Nous avons retrouvé sa composition exacte dans un numéro du JOURNAL DE PHARMACIE de l'époque. Elle contenait, pour 500 grammes de liquide :

Chlorure de sodium (sel marin)......... gr.	2.335
Sulfate de soude..............................	1.457
Chlorure de magnésium......................	0.536
Sulfate de chaux..............................	0.394
Bicarbonate de chaux........................	0.228
Oxyde de fer..................................	traces

---

(1) Calcaire de Warcq.

ce qui donne, pour un litre de liquide, environ 4 gr. 716 de sel marin.

Or, les chiffres trouvés dans l'analyse ci-dessus sont à peu près ceux que fournissent les sources salées du Jura exploitées par la méthode des bâtiments de graduation. On peut admettre, du reste, que ce liquide de surface était moins saturé que celui des couches inférieures de la nappe d'où il provenait. Il est donc à supposer que l'on venait d'atteindre les premières assises du trias dans lequel on trouve les marnes irisées salifères et les bancs de sel gemme. En poussant les fouilles plus profondément, on aurait pu avoir quelque chance de rencontrer une couche exploitable analogue à celles de Meurthe-et-Moselle.

Mais on n'en fit rien. Dans la crainte de trouver en-dessous de l'eau douce ou des bancs perméables dans lesquels la source salée se serait perdue, M. Parrot fit suspendre provisoirement les travaux. Le 30 janvier, le préfet demanda des instructions au directeur général des Ponts-et-Chaussées. Deux mois après, le 19 mars, celui-ci répondit en ordonnant de maintenir la suspension des fouilles jusqu'à plus ample examen de la question par le Ministère des Finances. Il est bon de dire qu'à cette époque l'exploitation du sel de salines et du sel gemme dans l'Est était un monopole affermé par l'Etat à une société lorraine.

Or, la décision ministérielle se fit attendre si longtemps que le forage, non entretenu, menaçait de se remplir.. Afin de parer à cette éventualité décourageante, la Société de recherches résolut, vers le milieu de l'été, de se passer d'autorisation et de continuer le travail. Elle se contenta de curer le trou et d'entretenir l'installation en espérant toujours le bon vouloir des bureaux parisiens.

En même temps, on décidait d'essayer un autre sondage sur le territoire de Lafrancheville, non-loin du ruisseau des Prés Guignon, dans un terrain appartenant à la commune. C'est M. Desrousseaux qui fut chargé de traiter avec le maire, M. Ozeray. La négociation n'aboutit point ou, du moins, ne parait point avoir eu de suites immédiates.

C'est aussi vers cette même date que se place une mystification amusante dont fut victime l'Administration. Le 25 octobre 1827, M. Chayaux, maire de Flize, écrivit au préfet une lettre annonçant l'envoi d'une petite masse de houille trouvée, disait-il, à 35 pieds de profondeur dans une terre vierge appartenant à M. Miroy, notaire à Dom-le-Mesnil. En l'absence du préfet, la lettre et l'envoi furent reçus par M. du Vivier, conseiller de Préfecture, chargé d'assurer le service. Celui-ci retourna l'échantillon à l'ingénieur des mines en le priant de donner son avis.

M. Parrot, très ému de la trouvaille, accourut aussitôt à la Préfecture pour conférer avec M. du Vivier et tous deux tombèrent d'accord pour voir, dans le charbon expédié, non pas de la houille ordinaire, mais du bois jayetisé. Et comme il s'agissait de s'assurer de la profondeur et de l'importance de la mine ainsi découverte, l'ingénieur « offrit généreusement de lui-même, **sponte sua**, d'envoyer aussitôt un de ses ouvriers mineurs qu'il paierait des deniers mis à sa disposition pour de semblables essais ».

Hélas ! sa joie devait être de courte durée. Le lendemain, tandis que M. du Vivier écrivait au maire de Flize pour le féliciter et lui dire qu'on allait envoyer un maître sondeur sur les lieux, arrivait à la Préfecture une lettre de celui-ci disant qu'il avait été victime d'une plaisanterie de son ami Miroy.

Il est inutile d'ajouter que MM. Parrot et du Vivier furent très indignés de s'être laissés prendre à une telle mystification et que l'Administration, « qui s'en était inévitablement ressentie », dit la note préfectorale, en garda une dent au maire de Flize, ainsi qu'au notaire facétieux que sa grave profession semblait devoir éloigner de ces sortes d'amusements.

Cependant l'année 1827 s'était écoulée sans qu'aucune nouvelle parvint du ministère. Il en fut de même pendant l'année 1828. En attendant, que faisait-on à Mézières ? Nous avons dit qu'on avait maintenu le trou de sonde en bon état et qu'on avait essayé de faire un sondage aux environs de Lafrancheville. Il semble qu'on ait d'abord poussé le forage de Prix à une plus grande profondeur, comme semble l'indiquer une lettre préfectorale que nous publions plus bas ; puis que M. Parrot se soit décidé à commencer un autre sondage, soit à Lafrancheville, soit ailleurs, ainsi qu'il ressort du compte définitif présenté par le régisseur Buisson. Mais les documents font défaut sur ce point.

En tout cas, l'Administration et les souscripteurs considèrent l'affaire comme finie désormais. Le 20 juin 1828, M. Buisson envoie le mémoire de ses dépenses à la Préfecture. Il réclame, en surplus des sommes qu'il a reçues, un crédit de 551 fr. 43 pour solder les derniers frais. M. Parrot approuve le compte pour tous les travaux exécutés jusqu'à l'époque où le sondage a été remis à la Société départementale de recherches des houilles — remise qui n'avait eu lieu qu'après l'interdiction ministérielle — mais l'ingénieur demande au préfet d'ajouter à ce crédit une somme de 1.200 francs parce qu'il désire faire exécuter lui-même quelques recherches particulières. Il commence, en effet, au mois de septembre suivant, un petit sondage dont les résultats et l'emplacement — nous l'avons déjà dit — ne nous ont point été transmis.

Enfin, le 15 septembre, après plus d'un an et demi

d'attente, les bureaux de Paris donnent signe de vie sous forme d'une note du directeur général des Ponts-et-Chaussées qui invite le préfet à faire arrêter définitivement les travaux par ordre du ministre des Finances. Le préfet répond par la lettre suivante en date du 19 septembre :

« Monsieur le Directeur général,

« J'ai reçu la lettre que vous m'avez fait l'honneur de m'écrire le 15 de ce mois au sujet de la découverte d'une source d'eau salée dans le sondage exécuté à Prix pour la recherche d'une houillère.

« J'ai fait donner l'ordre de suspendre les travaux de ce sondage aussitôt que j'ai reçu votre lettre du 19 mars 1827 ; mais les ouvrages ont été repris par la Société de recherches dans le courant de l'été dernier, attendu que cette Société qui s'est mise à la tête des opérations générales de sondage de ce département, et qui en fait les frais, a cru pouvoir, à défaut d'instructions sur les suites de la suspension ordonnée, ne pas exposer les travaux de Prix à s'obstruer et à compromettre une opération coûteuse et déjà fort avancée.

« Actuellement, Monsieur le Directeur général, les ouvrages sont encore suspendus et j'ignore s'ils seront repris par la raison qu'ils sont parvenus à une profondeur qui n'offrirait plus de chances en faveur de la découverte d'une houillère. Au surplus, je vais écrire à M. l'Ingénieur des Mines, qui est en ce moment en tournée, pour lui demander un rapport et l'inviter encore à faire suspendre les travaux. Aussitôt que j'aurai reçu ce rapport, je m'enpresserai de vous le communiquer. »

Ce fut la fin des rêves dorés que quelques-uns avaient basés sur la réussite de cette œuvre. Un arrêté ministériel ordonnait de combler le trou foré pour éviter à un monopole une concurrence problématique. Le 7 février 1829, le préfet ordonnançait un mandat de 609 fr. 45 destiné à payer les derniers frais. Au total, on avait dépensé les sommes suivantes indiquées par le compe définitif présenté par le régisseur, le 24 avril 1829 :

19 mai 1823....................................	1.560 »»
10 juin 1824....................................	1.500 »»
16 février 1826 (ord. du 14 nov. 1825).....	1.500 »»
3 février 1827....................................	3.000 »»
27 février 1829 (ord. du 7 février)...............	609 45
De Desrousseaux...........................	500 »»
De Bacot frères...........................	300 »»
De Bernard et C°	600 »»
De Charton, caissier de la Société de recherches	171 83
Total..............	9.741 28

En résumé, il n'est pas possible de dire aujourd'hui, d'une façon certaine, si, pendant l'espace de temps qui s'écoula entre la reprise des travaux et l'arrêté ministériel qui y mit fin, la Société de recherches poussa le forage au-dessous des 143 mètres atteints. Aucun document ne reste qui permette de soutenir cette thèse, si ce n'est la lettre préfectorale déjà citée. Cependant, M. Nivoit affirme qu'on découvrit un banc de sel gemme, mais cette opinion ne paraît pas soutenable, bien qu'elle provienne d'un de nos géologues les plus justement appréciés. On verra, en effet, dans la suite de cette étude, qu'un jet artésien salé analogue se révéla au forage de Condé et que celui-ci, continué plus profondément, ne recoupa aucune couche de sel.

Quoiqu'il en soit, ce forage de Prix avait eu son utilité. Il avait révélé sous notre sol **un étage indéterminé,** jusque-là ignoré parce qu'il n'en existe aucun affleurement et qu'il est masqué par la rencontre, un peu plus au nord, des couches liasiques et schisteuses qui l'englobent dans leur dièdre.

XV

Premier sondage de Saint-Aignan : Travaux en régie.

Plusieurs années passèrent après l'insuccès du sondage de Prix avant que l'on se décidât à faire de nouvelles fouilles. Ce n'est que vers le milieu de l'année 1834 que l'on recommence à en parler, à la suite d'une proposition de M. de Hennezel, ingénieur des mines qui a succédé à M. Parrot et qui conclut comme ses prédécesseurs à l'existence de la houille dans le sous-sol ardennais. Le 21 juin 1834, M. de Hennezel est autorisé à se rendre à Sarrebrück pour examiner et comparer les différents procédés de sondage. Le 15 juillet suivant le Conseil général vote une subvention de 3.600 francs pour la reprise des recherches (1). C'est l'origine des deux sondages de Saint-Aignan qui précédèrent celui de Condé. Dans le rapport qu'il adresse au préfet, M. de Hennezel explique que nous nous trouvons à la fois sur le terrain inférieur et sur le terrain supérieur au carbonifère. « **Il n'est guère possible, dans ces conditions, que nous n'ayons point la houille sous nos pieds**, dit-il, et en même temps il fait remarquer que, fut-elle à 1.000 pieds de profondeur, l'entreprise n'en serait pas moins rémunératrice, car les mines d'Anzin vont à 900 et 1.200 pieds. Du reste, il est possible que le sondage nouveau fasse découvrir également du sel gemme ou de la pierre

---

(1) 2,000 francs sur le budget de 1835 et 1,600 francs sur le budget facultatif.

à plâtre, ce qui serait d'une grande utilité pour l'agriculture. »

Un peu plus actif que ses prédécesseurs, le ministère approuve non seulement l'idée de M. de Hennezel, mais encore déclare qu'il l'aidera financièrement. Il accorde ainsi une première subvention de 1.400 francs, ce qui porte à 5.000 francs le crédit dont on dispose pour commencer les travaux. Cependant on croit devoir attendre que la somme disponible soit beaucoup plus forte et, à cet effet, on a décidé de faire appel aux Conseils municipaux des différentes communes pour les inviter à souscrire un capital de 50.000 francs.

En 1836, le Conseil général vote, en session ordinaire, une subvention de 2.000 francs et, en session extraordinaire, le 26 décembre, une somme de 7.000 francs pour l'achat de l'appareil de sondage. Le département s'engage à couvrir le dixième des frais à condition que les travaux soient faits en régie sous la direction de l'ingénieur des mines. Quant aux actions de souscription, on décide qu'elles seront de 250 francs. De nombreuses listes sont envoyées dans tous les environs et se couvrent de signatures.

Enfin, dans le courant de l'année 1837, les recherches recommencent sous la direction de M. Sauvage, qui a succédé à M. de Hennezel, et de M. Perrin-Lecoq, de Sedan, nommé régisseur des travaux. Le mode de sondage adopté est le système par percussion ou sondage chinois. L'appareil sort des magasins de MM. Selligue et Tripier, entrepreneurs de forages à Paris.

On choisit comme lieu d'opération le village de Saint-Aignan, dans la vallée de la Bar, à proximité du canal des Ardennes, dans l'espoir que si l'on trouvait enfin le précieux combustible, on aurait un facile débouché des produits dans toutes les directions. C'était aller un peu vite. Mais le véritable motif de cette décision n'est pas là. En réalité ce furent les souscripteurs sedanais, très nombreux et très remuants, qui exigèrent que le sondage fut placé à moyenne distance entre Mézières-Charville et Sedan, de façon qu'en cas de découverte l'une et l'autre ville en profitassent également.

Il y avait, dans le village, une maison d'habitation et un atelier de teinture qui appartenaient au sieur Jean-Baptiste Hubinoit, du hameau de Pont-à-Bar. Le 18 mai 1837, le préfet loua cette propriété pour trois années, avec faculté de renouvellement du bail ou d'achat, à raison de 180 francs par an. C'est là que fut installé le forage, dans la cour qui se trouve entre les deux bâtiments.

Cependant ces nouveaux travaux faisaient beaucoup de bruit dans le département. Tous le monde en parlait, le paysan aussi bien que l'habitant des villes, l'ouvrier comme l'industriel. Les journaux, ou plutôt l'unique journal du département à cette époque, le COURRIER DES ARDENNES, insérait les rapports de l'ingénieur. Ceux qui ne savaient pas lire se faisaient commenter la gazette afin de savoir où l'on en était. Des lettres donnant des renseignements plus ou moins exacts sur la géologie locale arrivaient fréquemment à la Préfecture. L'une d'elles nous paraît intéressante à publier, autant pour la riche fantaisie de son style que pour les indications qu'elle fournit. Elle émane d'un sieur Picart père, propriétaire à Fligny. La voici telle qu'elle existe aux Archives :

« Fligny, le 11 juin 1837.

« Monsieur le Préfet,

« Je vous écris la présente afin de vous faire connaître ce que j'ai entendu dire il y a environ quarante-huit années.

« Un nommé Mattier, qui a été fils de son père qui

était fermier à La Hayette, située sur le terroir de Logny, près Aubenton, département de l'Aisne, a dit chez nous — je l'ai entendu de mes propres oreilles — étant à notre boutique de marchal à Antheny, que l'on avait trouvé de la houille dans le puits de ladite ferme et que l'on en avait porté chez le maréchal Cabaret, homme que j'ai connu et qui était résidant audit Aubenton et ne laisse aucun des siens maréclral ; mais j'en laisse un qui me remplace et qui a déjà des successeurs ; voilà pourquoi je m'intéresse de la bonne entreprise que l'on veut faire de chercher à découvrir une houillère.

« De plus, il y a huit jours, un ami qui me demandait ce qu'il y avait dans la gazette et après lui avoir dit qu'il y avait toujours la question de la houille, m'a dit à son tour : « Ils n'ont pas besoin d'être si en peine, ils n'ont qu'à venir à la Neuvillette dans une terre qui appartient à Nicolas Moine. On en a trouvé quand on a travaillé à confectionner la route à neuf. Les ouvriers en ont apporté chez mon grand-père plusieurs grosses pierres et soi-disant en ont mis au feu. Voici tout ce dont j'ai connaissance. »

Si nous mettons de côté les expressions amusantes, cette lettre n'est peut-être pas si ridicule que beaucoup peuvent le croire tout d'abord. Il faut se rappeler en effet que ce village de Logny près d'Aubenton est tout voisin de celui de Tarzy, où fut exploité, on le sait déjà, une mince couche houillère dont l'existence fut vérifiée par les autorités régionales vers l'année 1749. En outre, il se trouve, comme Etion et comme Sailly, aux environs de la ligne d'intersection des couches schisteuses et secondaires, c'est-à-dire dans la position la plus favorable pour posséder du charbon dans son sol et à une profondeur relativement faible. Il n'y aurait donc aucune impossibilité à ce que l'on ait trouvé des traces du carbonifère en creusant le puits de La Hayette.

Mais, dira-t-on, pourquoi la découverte ne fut-elle pas signalée ? Parce que, à l'époque où elle fut faite, elle n'avait guère d'importance pour les paysans. La lettre de M. Picart père étant de 1837 et le fait qu'il rappelle ayant eu lieu quarante-huit années auparavant, cela nous reporte vers 1789 ou 1790, c'est-à-dire au moment où la Révolution commençait et où les habitants avaient autre chose à faire que de s'occuper d'un combustible dont on ne connaissait que très imparfaitement encore les qualités et le brillant avenir.

Terminons ce chapitre par une courte statistique extraite d'un rapport au Conseil général, et relative aux entrées de houille par la Meuse de 1833 à 1836.

En 1833, il entrait dans le département par voie d'eau (les chemins de fer n'existant pas encore) un total de... kil. 34.315.600

   En 1834..................................... 49.794.540

   En 1835..................................... 63.282.700

   En 1836..................................... 65.238.500

XVI

Le sondage de Saint Aignan se poursuivit d'une façon régulière et normale pendant toute l'année 1837. Deux rapports de M. Sauvage, l'un du 22 août 1837, l'autre du 6 janvier 1838 — celui-ci inséré dans le COURRIER DES ARDENNES — donnent des détails sur la marche des travaux.

On eut à foncer tout d'abord l'étage des marnes liasiques supérieures qui forment, au-dessous des alluvions, le sol de cette partie de la vallée de la Bar. Ensuite, étant donnée la disposition géologique de la région, il fallait s'attendre à traverser trois autres étages : les calcaires ferrugineux, les marnes moyennes et les calcaires sableux analogues à ceux de Saint-Laurent. C'était donc une très grande profondeur de terrains morts qu'il était nécessaire de recouper avant d'atteindre le lias proprement dit qu'on trouve à fleur de sol à Warcq et à Prix. Travail long et dépenses inutiles que l'on aurait pu éviter en reprenant le forage beaucoup plus au nord au lieu de descendre au sud uniquement pour satisfaire les desiderata des souscripteurs sedanais. Ce fut la grande faute qui fit avorter une œuvre qui, mieux comprise, aurait certainement donné des résultats d'une importance capitale pour l'industrie du département.

Bien que les marnes fussent relativement faciles à traverser, le forage, souvent arrêté par les opérations de tubage, marchait assez lentement. Le 2 février 1838 un accident se produit à l'appareil : le câble casse dans le trou. On répare et l'on continue, mais déjà l'ingénieur parait découragé. Le travail en régie ne rend que d'une façon médiocre. Le prix du mètre en profondeur est très élevé. Vraisemblablement, M. Sauvage serait heureux d'être déchargé de la responsabilité immédiate de l'entreprise si une occasion favorable se présentait.

Cette occasion se présenta.

Un entrepreneur de sondage de Reims, M. Goulet-Collet, ayant lu dans le COURRIER DES ARDENNES le rapport du 6 janvier, écrivit, le 4 avril, au préfet pour lui demander de lui confier le forage de Saint-Aignan qu'il se faisait fort, disait-il, de conduire à 400 mètres de profondeur pour une somme globale de 40.000 francs.

Le préfet soumit aussitôt cette proposition à l'ingénieur.

— Comment donc ! répond en substance celui-ci, dans une lettre en date du 17 avril. Mais il faut accepter tout de suite.

Et il ajoute :

— M. Goulet-Collet se ruinera très probablement au sondage qu'il propose à si bon marché, parce qu'il n'en connait pas les difficultés, n'ayant jamais foré que dans la craie. Il sera dégoûté avant d'avoir atteint deux cents pieds.

Paroles qu'on peut admettre quand elles viennent d'une personne quelconque qui veut se débarrasser d'un travail ennuyeux, mais qui semblent tout de même assez étranges dans la bouche d'un ingénieur qui ne doit avoir en vue que les intérêts supérieurs qu'il représente. S'il est admis qu'en matière de commerce, c'est le plus malin qui attrape l'autre, en est-il de même en ce qui concerne les affaires publiques ? M. Sauvage n'aurait pas dû oublier en cette circonstance que, s'il sauvait le prestige administratif en remettant à un administré un travail mal commencé et qu'il savait ruineux, il avait aussi à tenir compte et des capitaux, si généreusement confiés à son expérience, qu'il allait laisser s'engloutir inutilement, et de l'œuvre elle-même qui n'avancerait pas, qui ne gagnerait que du discrédit pendant cette leçon de prudence donnée à un entrepreneur trop présomptueux.

Le 22 avril, la Commission (1) se réunit pour exa-

---

(1) Une réunion générale des souscripteurs avait eu lieu le 5 mars 1838 sous la présidence de M. de La Grandville, M. de Gourjault faisant fonction de secrétaire. Il est curieux de constater que l'on retrouvait, parmi les nouveaux promoteurs des sondages, un membre de cette famille de La Grandville qui avait fondé la Compagnie des Mines de Champagne.

La réunion générale nomma une commission permanente composée de MM. Bouvard, Piette et Cunin.

miner la proposition de M. Goulet. L'ingénieur y assiste et déclare que l'on a atteint la profondeur de 50 mètres. On décide de remettre les travaux à l'entrepreneur et, à cet effet, un traité est passé avec lui, le 4 mai suivant, aux termes duquel il s'engage à forer jusqu'à 400 mètres de profondeur pour une somme totale de 40.000 francs qui lui sera payée au fur et à mesure de l'avancement des travaux, de la manière suivante :

De la surface à 33ᵐ 33, à raison de... Fr.		19 50	le mètre
De 33ᵐ 33 à 66ᵐ 66, à raison de.......		29 25	—
De 66ᵐ 66 à 100ᵐ »»	—	40 50	—
De 100ᵐ »» à 133ᵐ 33	—	51 75	—
De 133ᵐ 33 à 166ᵐ 66	—	63 »»	—
De 166ᵐ 66 à 200ᵐ »»	—	74 25	—
De 200ᵐ »» à 233ᵐ 33	—	85 50	—
De 233ᵐ 33 à 266ᵐ 66	—	96 75	—
De 266ᵐ 66 à 300ᵐ »»	—	107 »»	—
De 300ᵐ »» à 333ᵐ 33	—	118 25	—
De 333ᵐ 33 à 366ᵐ 66	—	129 50	—
De 366ᵐ 66 à 400ᵐ »»	—	140 75	—

le tubage n'étant pas compris dans ces sommes.

Le 24 juin, la remise du forage est faite au nouvel entrepreneur après un procès-verbal qui constate que le trou à 34 centimètres de diamètre et seulement 35 mètres de profondeur (au lieu des 50 mètres que M. Sauvage avait déclaré devant la Commission) plus 25 mètres de remblai établi pour augmenter la force de chute de la sonde.

Ces 35 mètres avaient coûté la somme de 7.520 fr. 50, soit 215 francs le mètre, c'est-à-dire onze fois plus d'argent qu'on en accordait à l'entrepreneur civil pour faire un travail semblable !

XVII

Deuxième sondage de Saint-Aignan : Entreprise Goulet-Collet.

Trouver 35 mètres de sondage au lieu de 50 n'est pas précisément agréable, surtout lorsqu'on a tablé sur le travail fait pour accepter un traité assez lourd. Mais la déception du bon Rémois qui avait donné tête baissée dans le trou de Saint-Aignan ne devait pas en rester là.

Aussitôt qu'il fut en possession du chantier, il se mit résolûment à l'ouvrage. Or ce fut pour constater que ces 35 mètres de boni n'allaient même pas lui servir : le forage avait dévié et le trou présentait une obliquité qui ne permettait pas de continuer les opérations. Il fallait l'abandonner et en faire un autre.

Le plus sage était d'agir ainsi tout de suite. L'entrepreneur crut cependant pouvoir rectifier la malencontreuse inclinaison. Il y passa inutilement toute l'année 1838 et, en décembre, le préfet était obligé d'écrire au directeur général des Ponts-et-Chaussées, qui lui demandait où en étaient les travaux : « Tout est en suspens. Il faut recommencer. »

On recommence donc et tout marche à souhait pendant l'année 1839, encore que l'entrepreneur soit assez fréquemment tarabusté par l'ingénieur. Il en est de même pour les premiers mois de 1840 et le forage a déjà atteint plus de 100 mètres de profondeur quand, à bout de patience, M. Goulet-Collet écrit au préfet (2 avril 1840) pour se plaindre des procédés de M. Sauvage à son égard et le prévenir en même temps qu'il suspend les travaux.

D'autre part, le propriétaire du terrain, Jean-Baptiste Hubinoit, avise l'Administration qu'il ne veut pas renouveler le bail qui expire à la date du 18 mai et, comme le préfet ne tient aucun compte de sa mise en demeure, il l'attaque sous prétexte que le sondage menace la solidité de sa maison et de ses arbres. En réalité, le brave homme a un autre motif pour réclamer la cessation du bail : une saisie-arrêt sur la location venait d'être faite par ordre de M. Mansart, notaire à Sedan, « agissant pour le compte de M. Jean-Charles Prestat, maréchal-de-camp en retraite, demeurant au Fond-de-Givonne, créancier des époux Hubinoit-Lenfant ». Du moment qu'ils ne touchent plus les subventions administratives, ceux-ci ne voient pas la raison qui les obligerait à continuer la location de leur immeuble.

On plaide.

On plaide avec Hubinoit au tribunal de Charleville et avec Goulet-Collet au tribunal de Reims. Les juges donnent raison sur toutes les questions à l'Administration préfectorale. Le propriétaire récalcitrant s'incline et l'entrepreneur rebelle rentre à contre-cœur au chantier, lequel — il commence à s'en apercevoir — est en train de le mener à la faillite. Il reprend le travail le 17 juillet, mais pour l'abandonner de nouveau presque aussitôt.

On essaie de la persuasion, puis de la menace. Le 20 septembre, le préfet envoie comme ambassadeur Me Doyen, avoué, à Reims, auprès de M. Goulet pour l'engager à revenir à Saint-Aignan, sinon l'Administration fera exécuter le jugement rendu contre lui. Il répond que tous les huissiers réunis n'arriveraient point à le faire quitter la Champagne. Cette inébranlable résolution commençait à ébranler celle du préfet qui se demandait sans doute in petto s'il avait bien le droit d'user de son droit jusqu'au bout. Pour sauver la face, comme disent les Chinois, il engage en octobre une nouvelle action judiciaire contre le malheureux entrepreneur, mais en même temps il envisage la possibilité d'une retraite en bonne forme et cherche à le remplacer. Pour cela, il engage des pourparlers avec MM. Degouzée et Cie, de Paris, directeurs de la Compagnie générale de sondages (1).

Du reste une nouvelle faute se révèle qui l'affermit dans son idée : l'ingénieur vient de s'apercevoir que le diamètre du trou est trop petit pour continuer le tubage ! On est seulement à 102 mètres de profondeur et il est impossible d'aller plus loin. C'est un forage inutile et des capitaux perdus.

Dès lors mieux vaut finir à l'amiable, car cette imprévoyance incombe uniquement à l'Administration. Le 23 janvier 1841, une convention intervient entre le préfet et M. Goulet-Collet pour la cessation des travaux de Saint-Aignan. Ils avaient coûté à la caisse des souscripteurs la modeste somme de 5.154 fr. 32 pour 102 mètres de forage, c'est-à-dire environ 50 fr. le mètre, quatre fois moins, par conséquent, pour un travail plus difficile, que les 35 mètres de M. Sauvage. Mais la comptabilité ne dit pas combien la caisse de l'entrepreneur avait ajouté à cette mise.

C'est M. Degouzée qui est désigné pour remplacer M. Goulet-Collet.

---

(1) Ces pourparlers avaient déjà commencé en avril 1840, car les Archives possèdent une circulaire spécialement signée à la plume par MM. Degouzée et Cie et donnant au Préfet des indications de prix pour un sondage. Elle est datée du 16 avril 1840, alors que Goulet-Collet avait cessé les travaux le 2 du même mois.

XVIII

Sondage de Condé : Entreprise Degouzée.

Le 9 février 1841, la Commission se réunit pour examiner la situation. Tous comptes faits, on s'aperçoit que les deux trous de Saint-Aignan ont coûté une somme totale de 30.270 fr. 83, y compris les frais préliminaires, l'achat du premier appareil de sonde et le tubage. Devant ces constatations, on se décide enfin à reporter le sondage vers le Nord, de façon à diminuer la profondeur des terrains morts en se rapprochant des affleurements. Mais au lieu de reconnaître franchement qu'on s'est trompé et qu'il faut revenir dans la zone intermédiaire où les anciens de la Société Béchefer avaient eu des résultats si probants, on ne quitte pas la vallée de la Bar et l'on se contente de descendre vers son embouchure.

Le 26 mars, M. Chopin d'Arnouville, préfet des Ardennes, achète à M. Simon Fay, propriétaire à Donchery, un terrain d'une contenance de 11 ares 73 centiares, au lieudit **Au-dessous des Gravières**, territoire de Villers-sur-Bar, tout près de l'auberge de Condé, sur la droite de la route de Charleville à Sedan. C'est là que vont avoir lieu les nouvelles fouilles.

On commence au mois de mai. Le 14 août on est déjà à la profondeur de 60 mètres. Dans un rapport qui porte cette date, M. Sauvage explique — ce que nous savions déjà — que l'on a reporté le sondage au pied de la côte de Condé, non loin de l'embouchure du canal, à cause de l'épaisseur des couches de marne à traverser à Saint-Aignan.

« A la profondeur de 60 mètres que nous venons d'atteindre, dit-il, par suite de l'inclinaison des couches vers le sud-ouest, les couches de la partie inférieure du trou de sonde de Condé passent à Saint-Aignan, à l'endroit du premier forage, à 200 mètres au-dessous du niveau de la Bar. C'est comme si cette profondeur de 200 mètres avait été atteinte dans le premier forage. »

Déduction très juste, mais qui n'avait plus son utilité et que l'ingénieur aurait bien dû faire tout d'abord.

En terminant, il estime qu'il faudra environ dix-huit mois pour traverser les calcaires sableux et argileux qui forment le sous-sol de Condé.

On mit sept années, c'est-à-dire un peu plus.

Pendant que l'on sonde les sables et les argiles de la vallée de la Bar, voyons un peu ce que disait le public.

Le 14 octobre 1841, M. Lagard, maître de forges à Linchamps, actionnaire du sondage de Prix et souscripteur dans la nouvelle affaire, écrit au préfet une lettre où il constate que les travaux n'ont pas beaucoup avancé eu égard aux sommes dépensées depuis quatre ans.

« Mais, dit-il, qu'on ne s'attende point à trouver des millions avec un capital de 50 ou 60.000 francs. » Et il propose de créer 500 ou 600 actions de 500 francs payables en dix ans, à raison de 50 francs par an. On aurait ainsi un capital important et une œuvre de longue haleine qu'on pourrait mener à bien en engageant un personnel et des conducteurs instruits qui se relaieraient de façon à ne jamais arrêter le travail.

Passant à un autre ordre d'idées, il raconte qu'en 1828, ayant rencontré un de ses amis qui fut longtemps conducteur de travaux de mines dans l'Esterel, il fut amené à parler des recherches de houille que l'on avait tentées à Prix. Cet ingénieur lui dit que la houille est indiquée positivement par une pierre grise qui n'est pas très dure et qui se décompose à l'air. Il se rappela alors qu'une vingtaine d'années auparavant, il avait visité, avec l'ingénieur des mines du département, un puits que l'on venait de creuser en face d'Evigny et qui avait 36 pieds de profondeur. Il y avait trouvé de cette pierre grise et même de la véritable houille qui y adhérait. Il l'avait brûlée et analysée. Il y en avait environ l'épaisseur d'un doigt collée à la pierre.

« — Ce n'est pas, répondit l'ingénieur, une preuve positive pour une exploitation réelle, mais la pierre était cependant une indication précieuse. Il est certain qu'en creusant plus profondément on avait beaucoup de chances pour atteindre une veine importante et je vous assure que j'aurais bien pris des actions dans une Société qui se serait créée dans ce but. »

M. Lagard continue en disant qu'il avait également trouvé de cette pierre grise et des couches pareilles à celles d'Evigny dans les carrières de Warcq. A la suite de cette conversation, il retourna aux carrières pour rechercher des échantillons analogues à ceux qu'il avait remarqués. Mais il n'en trouva plus et il suppose qu'ils s'étaient décomposés sous l'influence des agents atmosphériques.

Il conseillait en terminant de reprendre les sondages dans cette direction.

On ne l'écouta point. Cependant ces observations méritaient mieux que l'inattention dont elles furent l'objet. Car, à l'heure actuelle, on peut encore observer en plusieurs endroits ces indices géologiques accidentels.

XIX

Revenons maintenant au sondage de Condé.

Le sol de cette partie de la vallée de la Bar est formé par les marnes moyennes liasiques sur une profondeur de 70 mètres. Vient ensuite le calcaire sableux, puis le calcaire à gryphites qui forme un étage d'une grande puissance.

La marche des travaux fut tout d'abord lente et difficile à cause de la dureté des calcaires et des éboulements argileux qui se produisaient fréquemment.

Le 4 août 1842, on est à 130 mètres de profondeur, le trou entièrement tubé. Un mois après, le 3 septembre, on atteint 160 mètres et le tubage a continué de s'effectuer sans difficulté.

« Toutes les couches traversées, dit M. Sauvage, appartiennent aux terrains dits jurassiques supérieurs ; 80 mètres environ nous séparent encore du terrain salifère que nous rencontrerons probablement à la profondeur de 240 mètres. Le résultat des recherches entreprises autrefois dans la prairie de Prix rend à peu près certaine la rencontre des marnes irisées qui renferment le sel gemme et le gypse. Ces marnes, si la sonde les atteint, devront être traversées pour pouvoir arriver aux grès houillers auxquels, dans la série générale des terrains, elles sont superposées. La question est donc entière. »

Cependant les fonds commencent à manquer. Pour foncer les 80 mètres qui séparent du terrain prétendûment triasique, on prévoit un déficit de 16.784 fr. 57. Le ministre vient d'accorder une nouvelle subvention de 3.000 francs. Mais les souscriptions rentrent difficilement et l'on en compte beaucoup comme irréalisables. On n'en continue pas moins à travailler. Le 31 décembre, on est à 170 mètres et le trou est tubé jusqu'à 152 mètres.

Le 3 mars 1843, survient un accident. En remontant la sonde, descendue maintenant jusqu'à 182 mètres, l'appareil éprouva une résistance. Afin de conserver sur la plus grande longueur possible le diamètre du trou que les précédents tubages avaient déjà réduit à 0 m. 22, on avait essayé de traverser sans tube la formation calcaire et il arrivait, de temps en temps, que des pierres se détachaient et gênaient la remonte de la sonde. On s'en tirait d'habitude assez facilement. Mais cette fois, dans l'effort fait, les tiges en bois de la sonde se rompirent et l'une d'elles s'engagea entre le tube supérieur et la sonde sur une longueur de 5 mètres. La tête du fragment resta butée à 13 m. 60 du jour.

On essaya d'arracher ce tronçon avec une cuillère à clapet, mais elle se rompit également et la cuillère s'engagea à 14 mètres de profondeur.

Pour la retirer, il fallut faire une excavation jusque-là. Ce travail dura près de trois mois. Enfin, le 23 mai, tout est remis en état. On cure le trou de sonde qui s'était obstrué d'éboulements argileux pendant l'arrêt des travaux et l'on dispose un nouveau treuil de percussion, plus solide que le premier, qui permettra de pousser les travaux jusqu'à 400 mètres.

Le 14 décembre 1843, le sondage est à 198 mètres. On a équarri le trou à cause de la dureté des roches et l'on tubera en forte tôle de 0 m. 16 de diamètre intérieur. L'ingénieur estime que l'on touche aux derniers bancs de calcaire sableux.

Le 5 avril 1844, la sonde atteint 206 mètres et l'on compte que l'on sera à 280 mètres pour la fin de l'année. Mais le 31 décembre arrive, et l'on est obligé de constater qu'on est seulement à 230 mètres et toujours dans le calcaire sableux. « Pourtant, dit l'ingénieur, nous prévoyons les approches du calcaire à gryphites, et nous pensons qu'il reste encore 70 mètres à traverser avant d'atteindre les couches utiles : gypse, sel gemme ou charbon. »

Afin d'activer les travaux, on a installé une machine à vapeur de cinq chevaux pour faciliter la manœuvre de la sonde. Le 25 juillet 1845, on atteint 265 mètres ; le 27 août suivant, 274 mètres ; et le 31 décembre, 303 mètres. On est enfin dans le lias proprement dit.

Le 17 août 1846, la sonde descend à la profondeur
de 331 m. 50. Quelques jours après on rencontrait, à la
distance de 334 mètres du sol, les premières couches
d'un terrain analogue à celui que l'on avait déjà précédemment découvert lors du forage de Prix et que
l'on suppose être les marnes irisées du trias. **Comme
à Prix, elles révélèrent une source d'eau salée qui vint
jaillir à la surface.** Mais il avait fallu, pour obtenir
ce résultat, descendre à 200 mètres plus bas que dans
la vallée macérienne.

Cette fois, le Ministère des Finances n'intervint pas
pour arrêter les travaux, et l'on continua le forage
pendant plusieurs mois sans qu'il survint d'arrêt.

Tout marchait donc pour le mieux quand, au commencement de l'année 1847, un accident aussi grave
qu'imprévu vint interrompre les travaux. A cette époque, le forage avait atteint la profondeur de 380 mètres, et l'on était encore dans les marnes irisées. Le
trou était tubé jusqu'à 378 mètres de la manière suivante :

Une première colonne de tuyaux de 30 centimètres
de diamètre et de 73 mètres de longueur ;

Une deuxième de 19 centimètres et 150 mètres de
longueur intérieure à la première ;

Une troisième de 16 centimètres et 194 mètres de
longueur intérieure à la seconde et à la première ;

Une quatrième de 13 centimètres et 330 mètres de
longueur intérieure aux trois précédentes ;

Enfin, une cinquième de 10 centimètres et de 89^m69
de longueur, qui avait été descendue à la profondeur
de 378 mètres pour prévenir les éboulements, et qui
ne s'insérait dans la quatrième que sur une longueur
de 41 mètres seulement, à partir de la base.

Un jour, la sonde s'arrêta à 47 mètres du fond.
Après des tâtonnements, on voulut retirer la cin-

quième colonne : on ne ramena qu'un tronçon de 42 mètres. Elle s'était brisée en deux, soit sous la pression latérale exercée par un déplacement des terrains meubles, soit par la sonde elle-même. La partie restante était inclinée sur l'axe du trou et engagée sous des terres provenant d'un éboulement.

Tous les efforts pour amener le reste au jour furent inutiles. L'emploi d'outils excentriques ne réussit pas davantage parce que les autres tuyaux, usés par le frottement des tiges, ne laissaient plus passer les outils.

Il fallait donc se résoudre, pour dégager le fond, à enlever tout le tubage et à le remplacer par un nouveau tube unique d'une longueur égale à la profondeur du trou.

Avant d'entreprendre ce travail onéreux, M. Degouzée vint voir M. Sauvage. Il fut convenu entre eux qu'à partir du 1er septembre 1847, on commencerait le retrait des tuyaux à raison de 70 francs la journée de 12 heures.

L'opération commença à la date fixée et se continua jusqu'au 5 décembre. Pendant ces 104 journées, on avait retiré 311 mètres de tuyaux. Le 5 décembre, M. Degouzée décida de mettre son chantier en chômage parce que le travail était plus coûteux qu'il ne l'avait pensé tout d'abord et déclara qu'il ne le reprendrait qu'après une entente nouvelle avec la Commission.

Le 19 janvier 1848, la Commission n'ayant pas donné signe de vie, l'entrepreneur écrivit au préfet pour lui demander des instructions. Celui-ci en référa à M. Sauvage, qui, étant absent, ne répondit pas immédiatement.

Sur ces entrefaites arriva la Révolution de 1848. M. Peschard d'Ambly, élève ingénieur des mines, sous la direction de M. Reverchon, ingénieur en chef, remplaça M. Sauvage dans la surveillance des travaux de Condé. Le préfet aussi s'en alla avec le trône de Louis-Philippe.

C'était le moment où les ateliers nationaux florissaient sur tout le territoire. Le « commissaire général du gouvernement de la République, préfet provisoire des Ardennes », résolut, pour donner du travail aux ouvriers nombreux qui chômaient, de faire reprendre le forage. Le 10 mars, il écrivit en ce sens une lettre au nouvel ingénieur en le priant d'ouvrir immédiatement un atelier sur les chantiers et d'y admettre tous les pauvres.

Excellente résolution, mais qui demandait, pour sa mise à exécution, des capitaux qui n'existaient plus.

M. Peschard d'Ambly répond qu'il a été imputé un fonds de 15,100 francs sur l'exercice 1847, que 13,000 seulement ont été ordonnancés, et que, sur ces 13,000 francs, on en a déjà employé 9,820 à solder des dépenses. Il ne reste donc de disponible que 3,180 francs plus les 2.100 francs qui n'ont pas été ordonnancés.

Cependant, malgré cette pénurie d'argent, le jeune ingénieur est d'avis qu'il faut continuer l'entreprise. Dans un rapport en date du 22 mars 1848, après avoir fait l'historique de l'accident qui a mis fin au sondage, il écrit :

« L'existence du terrain houiller nous paraît très probable dans le département des Ardennes, pour la raison que le schiste ardoisier formait les rivages de la mer où s'est déposé le houiller, et que déjà on exploite la houille sur deux points de ces rivages, en Belgique et à Sarrebrück.

« Mais, ajoute-t-il, cette existence du terrain houiller, fut-elle constatée, on ne serait pas encore certain de le trouver à Condé parce qu'on pourrait rencontrer le schiste ardoisier, qui est en pente, à un niveau supérieur à celui du terrain houiller. On ne saurait donc dire la profondeur qu'il faudra atteindre. On a déjà trouvé une épaisseur de 46 mètres d'un terrain que M. Sauvage assimile au terrain salifère de la Lorraine, **quoiqu'il n'en présente pas tous les caractères.** Il est probable qu'on doit bientôt en sortir, mais quel terrain rencontrera-t-on ensuite ? Si la succession des terrains est complète en ce point, ce ne sera pas encore le houiller.

« Pourtant, il serait regrettable d'abandonner une œuvre déjà si avancée. »

L'ingénieur propose en terminant, de demander un nouveau crédit à l'Etat et de prendre l'avis de la Commission. Celle-ci se réunit, en effet, le 3 avril et décide de continuer le sondage ; mais au cas où le ministre n'accorderait pas la subvention nouvelle qu'on lui demande, les travaux finiraient avec l'épuisement des fonds actuels.

A cette date, les fonds se résument ainsi :

On a déjà dépensé une somme globale de 119,551 29 dans le sondage de Condé, et il reste en caisse, tant en fonds provenant de la souscription qu'en fonds provenant des subventions de l'Etat et du Département, une somme de 16,780 francs, sur laquelle il est dû 7,935 fr. 80 à M. Degouzée. On espère que le ministre accordera une nouvelle subvention de 16,340 francs sur l'exercice 1848, ce qui porterait à 33,120 francs l'actif dont on pourrait disposer pendant l'année pour payer ce qui est dû à l'entrepreneur, achever de retirer le tubage ancien, installer et payer le tubage nouveau et approfondir de 10 mètres à raison de 440 fr. le mètre.

D'après les devis établis, ces différentes opérations coûteront exactement 33,119 fr. 80, c'est-à-dire qu'il restera 20 centimes en caisse lorsqu'elles seront terminées, si les prévisions sont bonnes ! Enfin, on estime qu'il faudra travailler pendant six mois à raison de 70 francs par jour pour retirer ce qui reste du tubage ancien.

Le 27 avril 1848, le ministre ouvre un crédit de 8,000 francs sur les 16,310 francs qui ont été demandés, le reliquat devant être inscrit au budget de 1849. Les travaux reprennent donc, et l'on continue à détuber jusqu'à la fin de l'année.

Cependant, M. Degouzée, au fur et à mesure que le tubage s'opérait, reconnaissait de plus en plus les difficultés que présenterait l'installation d'un nouveau tube dans un trou dont le diamètre inférieur était d'ailleurs trop petit pour permettre de continuer à sonder à une grande profondeur. Il signala ses craintes à M. Peschard d'Ambly. Le 16 décembre, l'ingénieur réunit de nouveau la Commission et lui exposa le projet que lui avait soumis M. Degouzée, et dont l'importance financière dépassait de beaucoup les moyens de l'association.

L'entrepreneur proposait, une fois le détubage terminé, de faire un puits de 92 mètres de profondeur, qui coûterait 20,000 francs. En outre, il faudrait affecter une somme de 13,900 francs pour les réparations, ce qui porterait la dépense totale à 33,900 francs. On ne pourrait d'ailleurs pousser le sondage à plus de 500 mètres à cause de la faiblesse de diamètre du trou final. Or, il fallait prévoir que le houiller se trouverait à une plus grande profondeur.

Il demandait donc que l'on décidât d'agrandir le diamètre du trou sur toute son étendue, et de porter à 0m20 le diamètre final au lieu de 0m12 qu'il avait atteint lorsque les travaux furent interrompus. Ce serait une dépense supplémentaire de 41,734 francs.

Il fallait donc compter en tout sur une dépense de 75,634 francs.

L'ingénieur — et avec lui la Commission — pensa qu'il y avait dans ce nouveau projet beaucoup d'aléa, et que ces 75,000 francs atteindraient bien en réalité le chiffre de 120,000, c'est-à-dire à peu près ce que coûtait déjà le forage. Mieux valait donc en recommencer un autre.

« En profitant de l'expérience acquise, dit M. Peschard d'Ambly, **nous pourrions choisir un emplacement plus rapproché du schiste ardoisier**, de façon qu'on eut moins de terrains morts à traverser pour arriver au terrain houiller. En somme, lorsqu'on fit le sondage de Prix, on était aussi avancé à 143 mètres que nous le fûmes ici à 334 mètres, c'est-à-dire 189 mètres plus bas. »

En terminant, l'ingénieur annonçait que les fonds de la souscription étaient complètement épuisés, qu'on avait déjà pris 1,144 fr. 80 sur le dernier crédit de 8,000 francs accordé par l'État, et qu'il restait dû à M. Degouzée une somme de 1,822 fr. 50.

Comme conséquence de ces déclarations, la Commission décida aussitôt que le sondage de Condé serait abandonné et que l'on vendrait, au profit du département, le terrain et les outils qui n'appartenaient pas à l'entrepreneur (1).

Le même jour, le préfet informait M. Degouzée de la décision qui avait été prise, et, quelque temps après, le 20 avril 1849, le ministre annulait l'excédent de credit qui restait, déduction faite de la somme due à l'entrepreneur.

Ainsi finit ce grand mouvement de recherches minières qui avait passionné l'opinion publique pendant plus d'un quart de siècle, qui avait donné de si belles espérances et dépensé tant de capitaux.

------

(1) Une partie des tubes resta dans le trou dont il n'existe plus de traces aujourd'hui.

La seule affaire de Condé avait coûté, en définitive, la somme de 139,598 fr. 59 ou 140,000 francs en chiffres ronds ; ce qui, ajouté aux 30,000 francs de Saint-Aignan, donne un total de 170,000 francs inutilement engloutis dans la vallée de la Bar.

Quels résultats autrement importants n'aurait-on pas obtenus avec une somme semblable si l'on avait repris la tradition des mineurs d'Etion ou même le sondage de Prix !

XX

Dernières recherches : Fouilles de Cons-la-Grandville.

Si les sondages de Condé et de Saint-Aignan n'avaient englouti que des capitaux, il n'y aurait eu, comme on dit, que demi-mal. Malheureusement, ces tentatives aussi coûteuses qu'infructueuses, avaient en même temps gravement ébranlé l'opinion jusqu'ici enthousiaste de l'idée houillère. Avec l'effondrement des théories officielles, étaient nés le doute et le découragement. On n'osait plus croire à la possibilité du carbonifère dans le département.

Depuis cette époque, en effet, aucune tentative sérieuse ne fut de nouveau entreprise. Vers 1853, on annonça la découverte de quelques filons de houille sur le territoire de Villers-Cernay, près de Carignan. On se trouvait probablement en présence de couches minces et accidentelles, analogues à celle qui fut exploitée à Tarzy un siècle auparavant. Le COURRIER DES ARDENNES en parla, mais personne n'entreprit de pousser les recherches plus profondément.

Enfin, en 1869, fut publié le livre de M. Nivoit dont nous avons précédemment parlé et qui concluait, très spécieusement d'ailleurs — nous l'avons démontré, — à la non-présence de la houille dans les environs de Charleville.

Il est juste de dire, cependant, que dès 1873 M. Nivoit revenait sur cette première opinion. A cette époque, en effet, consulté par un groupe d'industriels qui se proposaient de reprendre les recherches, l'ingénieur ardennais fit un rapport (1) qui conseillait d'essayer un sondage dans la vallée de la Vence, aux environs de Poix. Il ne fut donné aucune suite à cette proposition, parce que la crise houillère, qui sévissait alors et qui avait motivé la demande des maîtres de forges, ayant subitement pris fin, il n'y avait plus de raison immédiate obligeant à rechercher le charbon dans les Ardennes.

Vers l'année 1878, le Conseil général des Ardennes eut encore à s'occuper de nouvelles fouilles qui venaient d'être entreprises à Cons-la-Grandville, par un ouvrier du pays, M. Ladouce, agissant pour le compte d'un syndicat d'industriels nouzonnais. L'Assemblée départementale refusa de subventionner le nouveau sondage. Comme on n'avait engagé dans cette affaire qu'une somme de 5,000 francs, on ne fonça qu'à une soixantaine de mètres de la surface du sol et l'on rencontra, vers les dernières couches du lias, une mince couche de houille ligniteuse de 15 à 20 centimètres d'épaisseur. La découverte fut constatée par M. Léon Foucault, contrôleur des mines, de qui nous tenons le fait.

Une légende, que l'on répète volontiers dans les Ardennes, prétend qu'à un certain moment on a jeté de la houille dans ce trou, soit pour faire croire à une découverte réelle et obtenir de nouveaux capitaux,

---

(1) Rapport aux maîtres de forges des Ardennes, publié chez Laroche, à Sedan.

soit au contraire pour ridiculiser les recherches et les faire échouer. Comme dans toute légende, il y a des variantes : tantôt c'est Ladouce qui a fait ce beau coup, et tantôt c'est une autre personnalité ; — tantôt c'est un seau, tantôt une brouette et tantôt un tombereau de charbon que l'on a précipité dans le puits.

En définitive, ces plaisanteries — dont malheureusement des hommes graves se font gravement l'écho — ne reposent sur aucun fait sérieux. Comme nous l'avons dit, les fouilles de Cons-la-Grandville ont cessé faute de capitaux, et la houille ligniteuse qu'on y a trouvée provenait bien du puits de sonde.

Elles n'ont donc en rien modifié l'état de la question, et celle-ci reste entière, n'ayant eu jusqu'ici parmi toutes les personnalités scientifiques qui eurent à formuler leur avis sur ce point qu'un adversaire de valeur encore que mal renseigné, M. Nivoit, lequel, du reste, est complètement revenu depuis sur sa première opinion.

Nous sommes partisan — est-il besoin de le dire ? — de conclusions toutes positives en faveur de la présence de la houille dans notre sous-sol. Nous venons de le prouver par l'histoire. Nous allons maintenant le démontrer par la théorie.

DEUXIÈME PARTIE

THÉORIE GÉOLOGIQUE

I

Le résumé historique et chronologique que nous venons de faire, la série presque ininterrompue de sondages entrepris et toujours contrariés par le manque de capitaux ou par les événements, montrent avec quelle persistance remarquable la croyance à l'existence de la houille dans le sous-sol ardennais se maintient depuis deux siècles non seulement dans les dires populaires, mais aussi — ce qui est bien plus important — dans l'opinion d'hommes que leur situation administrative, commerciale ou financière plaçait parmi les premiers de leur époque.

Sans remonter à Jaier et à Baliguet, ces humbles initiateurs qui fouillèrent les premiers le sol d'Etion — MM. de La Chevardière de La Grandville, garde du corps du roi ; le vicomte des Androuins, seigneur de Jandun ; Jacques Desvignes, avocat à Valenciennes ; le général de Ramsault, directeur de l'école du génie et des fortifications de la Meuse ; Dubuat, ingénieur en chef ; Béchefer et Bertèche, noms illustres parmi la bourgeoisie ardennaise ; de Mecquenem, de Wacquant, de Gourjault, Paul Bacot, Desrousseaux, Cunin-Gridaine, et les membres du Conseil de l'Agence des Mines, et les ingénieurs de l'Etat qui successivement eurent à étudier la question depuis 1815 jusqu'à 1848, tous ceux-là n'étaient ni des cerveaux creux, ni des aventuriers, ni des hommes d'affaires cherchant à spéculer sur des valeurs imaginaires. Ils représentaient, chacun dans leur sphère d'action, l'honneur des administrations ou des classes sociales auxquelles ils appartenaient.

S'ils ont cru, nous pouvons admettre qu'ils avaient de sérieuses raisons pour croire ; et s'ils se sont intéressés aux houilleries d'Etion ou des environs au point d'y placer des capitaux, c'est qu'ils avaient sans doute la presque certitude de voir ces capitaux fructifier.

Laissons de côté les critiques nombreuses que l'on peut faire — et que d'ailleurs nous avons faites — relativement aux fautes et aux erreurs commises dans les sondages de Prix, de Saint-Aignan et de Condé. Elles proviennent de l'Etat qui ne craignit pas de compromettre, pour éviter une hypothétique concurrence à un monopole, une œuvre économique considérable ; elles proviennent des ingénieurs qui, tout en partant d'une idée juste, se trompèrent gravement sur l'épaisseur des couches marneuses et calcaires qu'ils avaient à traverser s'ils s'éloignaient de l'intersection des schistes et du lias ; elles proviennent des souscripteurs qui pesèrent de toute leur opinion pour diriger vers la vallée de la Bar des fouilles qui devaient être faites beaucoup plus au nord.

Certes, on peut déplorer ces tentatives malheureuses qui eurent des conséquences économiques très graves pour le département. Il ne faut point oublier, en effet, que les Ardennes furent, vers cette époque, le berceau de l'industrie métallurgique de l'Est, et que c'est de ce pays, dont elles étaient originaires, que partirent les premières familles de forgerons qui allèrent dans la Lorraine fonder les grandes usines que nous admirons aujourd'hui. Si elles abandonnèrent les hauts-fourneaux d'Apremont, de Vrigne-aux-Bois, de Revin, de la Bar, c'est parce qu'elles ne trouvaient plus chez nous les matières premières à des prix suffisamment bas pour que ne leur vint pas la tentation d'aller s'établir près des riches minières de Longwy, et il est certain que si, alors, la houille avait été découverte dans notre sous-sol, nous aurions conservé la suprématie industrielle que nous avions acquise. Et non seulement la grosse métallurgie ne se serait point déplacée, mais peut-être même aurions-nous pu compter sur un nouveau facteur de prospérité : l'exploitation de salines analogues à celles de Meurthe-et-Moselle ou du Jura. Car si l'on peut considérer comme un accident géologique la source artésienne de Prix à condition qu'elle reste unique, il n'en est plus de même lorsqu'on sait qu'un phénomène identique s'est produit à Condé et, dès lors, on peut conclure qu'on se trouve en présence d'une nappe constante dont la salinité provient d'un banc de sel gemme voisin ou de marnes salifères exploitables, qu'un coup de sonde heureux peut révéler d'un moment à l'autre.

II

Pourtant, si les sondages exécutés de 1825 à 1848 eurent une répercussion malheureuse sur l'industrie départementale, il faut reconnaître qu'ils eurent aussi leur utilité, puisqu'ils ont permis de découvrir sous notre sol, à Condé comme à Prix, un étage nouveau, de nature indéterminée, que l'on a cru pouvoir tout d'abord assimiler au trias salifère de la Lorraine, mais que diverses remarques, faites ensuite par les ingénieurs, semblent en différencier quelque peu.

Ce qui est certain, c'est que l'on n'a jamais, dans aucun de ces sondages, atteint le terrain ardoisier. L'historique des travaux vient de nous le prouver. Ne serait-ce qu'à ce point de vue que ces notes auraient leur utilité, puisqu'elles détruisent une légende funeste d'autant plus plausible, pour le public, qu'elle a été propagée par des hommes compétents.

. Au reste — et nous disons ceci pour le cas où de nouveaux sondages seraient entrepris dans l'avenir — viendrait-on à tomber sur l'ardoisier que ce ne serait pas encore une preuve de la non-existence du carbonifère dans les environs ou même au-dessous. Il serait vraiment plus que téméraire de déduire la composition du sous-sol d'un pays des résultats locaux d'un unique trou de sonde. Le hasard peut faire que le forage tombe soit sur un ilot primitif traversant le terrain carbonifère, soit sur un promontoire sous-jacent partant des massifs voisins, soit enfin sur un plissement ou sur un renversement des couches **qui aurait fait passer, en cet endroit, le houiller sous l'ardoisier**. La chose n'est pas rare dans les terrains de transition, surtout dans les schistes de l'Ardenne.

« La compression latérale des terrains due à des phénomènes généraux en rapport avec le refroidissement de la terre — dit M. de Launay, professeur à l'Ecole des Mines, — peut amener un renversement complet des plis sens dessus dessous, un chevauchement, un charriage et, par suite, une interversion dans l'ordre de succession normale des couches, contre laquelle il importe de se tenir en garde. On sait, en effet, que de tels renversements sont loin d'être exceptionnels dans les pays de montagnes ; et, **notamment, quand il s'agit d'aller chercher un étage aussi précieux que le terrain houiller, on peut être amené à commencer un puits ou un sondage dans un terrain inférieur ou antérieur au houiller, sous lequel, d'après les données de la géologie élémentaire, le houiller ne devrait jamais exister**. Le bassin houiller du nord de la France en donne un exemple remarquable et classique. »

Dans cette région essentiellement carbonifère, plusieurs charbonnages ont été creusés à travers les schistes dont les couches atteignaient quelquefois des épaisseurs considérables.

« L'accident géologique connu sous le nom de Grande Faille — écrit M. Gosselet, professeur à la Faculté des Sciences de Lille, dans son livre sur l'Ardenne, — a ramené sur la moitié du bassin houiller du Nord les strates plus anciennes, **tantôt le terrain dévonien,** tantôt le calcaire carbonifère, tantôt un lambeau du terrain houiller inférieur. Ce n'est que dans ce dernier cas que nous pouvons connaître les couches houillères inférieures du bord méridional, car elles ont été recoupées par les sondages et les puits que l'on a faits à la limite sud du bassin houiller. **A la fosse de Quièvrechain, on a traversé, avant d'atteindre la houille, 91 mètres de grès et de schistes noirs à phtanites renfermant un banc calcaire de deux mètres d'épaisseur.** Entre Oraing et Monchecourt. le terrain houiller exploitable est bordé par une bande stérile composée de grès et de schistes plus ou moins calcarifères avec veinules de houille. Enfin, depuis Hénin-Liétard jusqu'à Liévin et peut-être au-delà, ce sont **des schistes gris bleuâtres calcarifères que l'on a souvent désignés sous le nom de dévoniens, mais que leurs fossiles démontrent être carbonifères.** »

III

Les géologues classiques, qui en sont encore à croire à la superposition obligatoire et régulière des étages de terrains. vont nous objecter sans doute que, nous trouvant à Charleville sur le dévonien inférieur — ou plutôt sur ce qu'ils prétendent être le dévonien inférieur — nous ne pouvons y trouver du charbon. Mais, outre que l'argument est déjà passablement battu en brèche par les exemples cités ci-dessus, ce serait commettre une grosse erreur scientifique, car il est reconnu aujourd'hui que la houille gît quelquefois dans le dévonien (1).

« Contrairement à une idée très répandue — dit encore M. de Launay, dont le témoignage ne peut être suspect d'hérésie, — les combustibles minéraux ne se trouvent pas uniquement dans un terrain déterminé dit carbonifère ; ils peuvent se présenter dans les étages les plus divers, depuis la fin du dévonien jusqu'au quaternaire (2), et peut-être même les niveaux graphiteux qui existent jusque dans les couches cristallophylliennes réputées primitives (3), les schistes bitumineux qu'on observe notamment dans le cambrien et le silurien de Russie, dans le dévonien de l'État de New-York, etc., marquent-ils la trace de dépôts hydrocarburés antérieurs (4). »

---

(1) Les houillères de la Basse-Loire, aux environs des ardoisières d'Angers, sont situées en plein dévonien. Elles appartiennent à l'âge des *sagenaria*.

(2) On trouve en effet de la houille dans les terrains permiens de l'Allier et de l'Autunois, de l'Inde, du Transwaal et de la Nouvelle-Galles du Sud (Australie) ; de la houille avec du sel dans le terrain triasique (keuper) de Gouhenans (Haute-Saône) ; des roches fortement carbonifères dans le lias supérieur de Nossy-Bé et du nord de Madagascar ; des dépôts importants de houille dans la craie inférieure de Vancouver, de Montana (Etats-Unis), des îles Charlotte, etc.

Enfin à Landlies et à Jamioux (Nord), le terrain houiller s'enfonce directement sous le grès dévonien ou considéré comme tel.

(3) D'après MM. Sauvage et Buvignier, on a exploité autrefois, à Revin, à une date qui reste indéterminée, une couche peu épaisse d'anthracite qui a été découverte au milieu des schistes de l'étage ardoisier moyen. Ce filon était de peu d'étendue.

(4) Dans un livre intitulé : *Un peu de tout à propos de la Semoy*, par A. de Prémorel, on lit les lignes suivantes : « Nous

Et puis, il est bon de dire aussi que les minéralogistes ne sont pas précisément d'accord sur la classification des terrains primaires du bord sud de l'Ardenne. La chose est d'ailleurs difficile, étant donné le mélange extraordinaire des couches et des matériaux qui le composent. Ainsi, on trouve aux environs de la Havetière, près de Charleville, des phyllades calcarifères que l'on pourrait comparer aux schistes stériles d'Onaing-Monchecourt. Les schistes noirs trouvés au puits d'Etion sont comparables aux schistes noirs de Quièvrechain qui furent traversés sur 91 mètres de profondeur avant d'atteindre la houille (1). Enfin, certains schistes de nos régions, baptisés dévoniens, sont identiques aux schistes gris bleuâtres calcarifères de Liévin qui furent précisément considérés tout d'abord comme dévoniens, mais que l'on reconnut ensuite comme devant être classés dans l'étage carbonifère.

Les schistes rouges, verts et terreux jaunâtres, ainsi que certains quartzites des roches de Belair, peuvent être considérés comme constituant une partie de l'étage silurien supérieur. Quant aux quartzites verts de

----

avons déjà appelé l'attention de la Société archéologique du Grand-Duché de Luxembourg sur la découverte que nous avions faite, dans les environs du Mont-Soleuvre et du camp celto-romain du Titelberg, d'anciennes forges établies sur une couche de schiste bitumineux épaisse de plus de cent pieds, où les Celtes ont aussi pratiqué des *excavations considérables* avec l'intention certaine d'employer ce minéral *comme combustible* dans la fabrication du fer. »

(1) Ces mêmes schistes noirs se retrouvent dans le bassin houiller du Pas-de-Calais. Au contact septentrional du houiller avec le calcaire carbonifère, ce dernier est recouvert directement par plusieurs mètres de schistes noirs fossilifères (à productus) surmontés eux-mêmes de schistes pyritifères très homogènes d'un beau noir et d'une pâte assez fine.

la même région, grenus et tachés de rouge, ce sont plutôt des grès que des quartzites, et ce n'est pas commettre une erreur que de les classer dans l'étage qui forme le sol du terrain houiller.

Ainsi, il existe à Montcy — nous l'avons indiqué plus haut —. une puissante couche de calcaire noir autrefois exploité comme marbre et que l'on peut assimiler au marbre de Givet, c'est-à-dire aux terrains anthraxifères qui servent de base aux assises carbonifères de Dinant et de Namur. Dans cette carrière, ainsi que dans celle du Waridon, on a trouvé des coquilles de productus et d'encrines, fossiles qui caractérisent tout spécialement les terrains carbonifères et qu'on ne rencontre que dans ces étages.

Un peu plus au nord, à Bogny, les productus sont empâtés dans un grès quartzeux assez semblable aux grauwackes de Braux (1). Enfin vers le nord-est, à Cons-la-Grandville et à Gernelle, il y a également des roches qui contiennent des productus et des encrines.

On peut donc dire, en vérité, que nous avons au sud de l'Ardenne des affleurements de terrains aussi bouleversés que ceux des pays de Liège, de Namur et du Boulonnais (2), et quel que soit le nom qu'on veuille leur appliquer, ces terrains représentent, à partir de Bogny, Braux et surtout Nouzon, en descendant vers le sud, la série du carbonifère inférieur sur lequel repose directement le houiller.

IV

Et maintenant, si nous supposons un moment que tous ces indices n'existent pas, ou qu'ils n'ont pas été

______

(1) Gosselet. *L'Ardenne.*

(2) Dans le Boulonnais on trouve des schistes rouges analogues aux schistes de la Havetière.

remarqués et notés par les géologues, on se demande
pourquoi, et en vertu de quelle exception mystérieuse,
le grand massif de l'Ardenne aurait, aux époques préhistoriques, élaboré des houillères sur ses rivages du
nord (bassins divers de la Belgique), de l'Est (bassins
de Westphalie et de la Sarre), et de l'ouest (bassins
français du Nord et du Pas-de-Calais), sans produire
le même phénomène sur son littoral du sud représenté
par notre pays.

On va sans doute objecter que ces centres carbonifères sont éloignés des terrains cambriens ardoisiers,
alors que nous voisinons de très près avec ceux-ci.
Cette remarque, qui paraît sérieuse au premier abord,
ne l'est guère en réalité, car nous avons, en France
même, un exemple frappant pour démontrer la possibilité de trouver la houille dans le voisinage de l'ardoise.

On sait que les terrains primaires de la Bretagne,
du Maine et de la Vendée, forment un massif du même
âge géologique que l'Ardenne. L'un et l'autre furent
produits par le même soulèvement hercynien, vers le
commencement de l'époque carboniférienne. Or, on
trouve dans ce massif, au nord comme au sud, des
bassins houillers qui voisinent avec les terrains ardoisiers de la région. L'un d'eux principalement, celui de la Basse-Loire, présente, comme nous l'avons
déjà dit, cette particularité d'être située en plein terrain dévonien et forme une zone allongée de l'Est à
l'Ouest, immédiatement au sud des ardoisières d'Angers.

Il ne faut pas d'ailleurs considérer l'Ardenne comme représentée uniquement par le plateau étroit inséré dans les limites septentrionales de notre frontière. La chaîne de l'Ardenne, l'une des plus vieilles
du globe, a une orientation nord-est sud-ouest, dont

l'axe général (1), passant par Fumay et les sources de l'Oise, va des montagnes du Hartz aux monts granitiques de la Bretagne, en jetant, à droite et à gauche de sa direction, des contreforts tels que le Condroz et les collines de Belgique, les Dos de Meuse et Rhin, les Ardennes orientales dont font partie les hauteurs de la Semoy et de Givonne, les Ardennes occidentales continuées par l'Argonne, etc.

Par suite d'un affaissement sismique, une partie de la crête disparaît sous les terrains plus récents du bassin inférieur de la Seine, mais elle n'en existe pas moins et l'on peut dire que c'est elle qui ferme vers l'Ouest la cuvette géologique dont Paris est le centre.

L'Ardenne formait donc, au milieu des mers carbonifères peu profondes qui l'entouraient, une île granitique et schisteuse très allongée, des sommets de laquelle partaient des contreforts qui laissaient entre eux de grandes vallées marécageuses où, dans d'immenses lagunes dont les tourbières du bassin de la Somme sont peut-être les derniers exemples locaux, les débris végétaux s'accumulaient en stratifications charbonneuses.

---

(1) On pourrait dire, pour mieux faire comprendre la chose, que l'Ardenne carboniférienne avait la forme d'un toit dont le faîte, représenté par l'axe général, allait de la Bretagne au Hartz en passant par Fumay. De ce faîte, les couches primaires s'inclinent de part et d'autre par des pentes symétriquement opposées. En effet, de Fumay vers Charleville, le pendage des strates est dirigé vers le sud — ou à droite de l'axe — et en allant de Fumay vers la Belgique le pendage est dirigé vers le nord — ou à gauche de l'axe.

C'est sur les pentes de ce toit que ruisselaient les eaux chargées des détritus végétaux qui, en s'accumulant dans les gouttières — autrement dit les lagunes littorales de la mer carboniférienne — devaient peu à peu constituer les couches houilleuses.

C'est ainsi qu'on trouve aujourd'hui sur les rivages du Nord, c'est-à-dire à gauche de l'axe hercynien, une série de houillères échelonnées dans une zone qui lui est sensiblement parallèle : le bassin de la Rühr ou de Westphalie ; le bassin de la Roër ou d'Aix-la-Chapelle; les bassins de Liège, de Namur, de Charleroi, de Mons; les bassins du Nord et du Pas-de-Calais ; les bassins de Littry et du Cotentin. Et de même au Sud, c'est-à-dire à droite de l'axe, des houillères existent aux deux extrémités de la chaîne : le bassin de la Sarre, symétrique des bassins de la Rühr et de la Roër, et les divers bassins de la Loire et de la Vendée symétriques de ceux du Cotentin.

Seuls les dépôts carbonifères de la Belgique, du Nord et du Pas-de-Calais, n'ont pas jusqu'ici leurs pendants sur le versant contraire de l'Ardenne. Eh bien ! nous n'hésitons pas à dire que, géologiquement, ils doivent exister, n'y aurait-il même aucun indice matériel, aucune preuve historique indiquant déjà leur présence dans notre sous-sol. Car il est presque impossible d'admettre qu'il puisse y avoir une lacune aussi vaste au sud de l'axe, alors que les rivages du Nord sont marqués par une série presque ininterrompue de houillères.

En particulier, si l'on veut bien prendre la peine de jeter un coup d'œil sur l'une des cartes que nous avons jointes à cette étude, on sera certainement frappé de la symétrie absolue, par rapport à l'axe de l'Ardenne, qui existe entre nos régions et les bassins houillers de la Belgique. La dépression Chiers-Sormonne, comprise entre les deux contreforts de Givonne et de l'Argonne équivaut à la vallée de la Sambre. Charleroi et Charleville sont à égale distance du centre silurien ardennais, de même que Mons et Namur. Et si l'on désire pousser la comparaison plus

loin, on voit que, d'une part, les crêtes du Condroz et
les collines de Belgique, d'autre part, l'Argonne et
l'Ardenne occidentale (crêtes de Poix et de Marlemont) sont deux contreforts identiques partant d'une
même vertèbre, à droite et à gauche de l'axe général.

V

Enfin, si l'on veut un dernier argument en faveur
de l'existence du terrain carbonifère dans notre sol —
existence pourtant déjà suffisamment démontrée aussi
bien par la théorie que par les faits historiques, —
nous le trouvons dans la différence d'inclinaison des
couches primaires et secondaires. La pente des terrains schisteux ardennais est si considérable qu'elle
dépasse souvent 45 degrés, tandis que celle des terrains stratifiés est faiblement inclinée vers le sud-est,
presque horizontal. Leurs plans de pendage forment
donc entre eux un dièdre irrégulier dont l'arête est
parallèle à la ligne des affleurements et entre les faces
duquel existent un ou plusieurs étages qui n'appartiennent ni au lias, ni à l'ardoisier (1).

Or, nous avons vu que les recherches de Prix et
de Condé avaient permis de reconnaître qu'une partie
de ces terrains indéterminés appartenaient au trias,
et celles d'Etion que les assises inférieures contenaient
des roches carbonifères et peut-être même la houille.
Cependant nous n'aurons la solution définitive que
si l'on se décide à faire des sondages rationnels que

---

(1) Dans leur livre : *Statistique géologique et minéralogique
des Ardennes*, MM. Sauvage et Buvignier indiquent déjà cette
disposition des couches et supposent également que les terrains
intermédiaires appartiennent soit au trias, soit au carbonifère
et peut-être à l'un et à l'autre.

ne pourront plus arrêter ni le défaut de capital, ni les événements, ni les décrets ministériels.

Mais, dira-t-on encore, ces terrains inconnus cachés sous les couches liasiques et triasiques suivent le pendage des schistes primaires et, par conséquent, s'enfoncent immédiatement à une très· grande profondeur sous le sol. Donc, en supposant qu'on y découvre la houille aux affleurements, l'exploitation en deviendrait vite onéreuse pour les autres parties du bassin.

C'est la théorie de M. Nivoit qui admet très bien que la houille existe, mais qu'elle se trouve à une trop grande profondeur pour être exploitée avec succès.

En vérité, nous ne croyons pas qu'il en soit ainsi. Mais avant d'indiquer pourquoi, disons encore deux mots sur la formation probable des dépôts carbonifères.

Parmi les théories émises, d'ailleurs aussi variées qu'hypothétiques, nous retiendrons les trois principales.

L'une attribue la houille à la fermentation sur place — comme dans des tourbières immenses — des débris végétaux des forêts croissant dans les vallées, les dépressions marécageuses et les terrains littoraux des époques primitives;

La seconde nous dit que c'est, au contraire, le résultat de l'accumulation, dans des bassins lacustres ou dans des mers intérieures ou dans des eaux marines calmes et peu profondes, des végétaux charriés par les rivières et les courants ;

Enfin, la troisième, tout nouvellement donnée par un savant allemand (1), suppose qu'à l'époque houil-

(1) Ludwig Kann, Heidelberg, 1901.

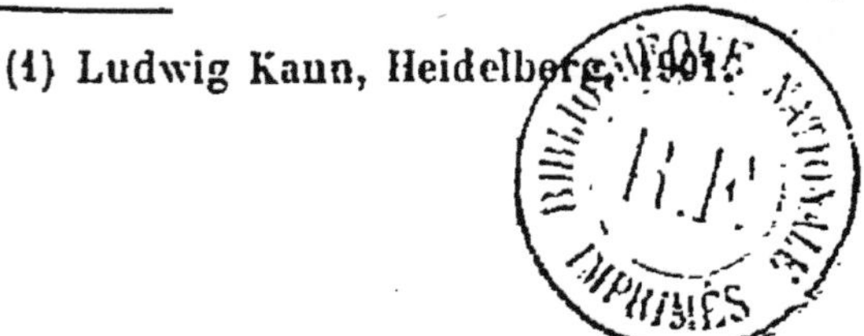

lère, il s'est formé sur la surface de la mer, le long des côtes et dans les golfes, des végétations d'algues qui ont créé peu à peu un sol flottant sur lequel des végétaux plus puissants ont pris naissance. C'est l'application de la théorie des tourbières aux eaux marines.

A notre avis, ces trois théories sont admissibles, car il est probable que le mode de formation des différents terrains carbonifères et houillers n'a pas été unique, qu'il a varié selon les époques, les conditions physiques et topographiques du sol primitif, les conditions atmosphériques des lieux, etc.

La formation carbonifère ne peut plus être considérée aujourd'hui comme provenant d'une cause unique, ni comme essentiellement contemporaine d'un espace de temps unique et déterminé. La science a beaucoup marché depuis l'époque où l'on crut devoir hiérarchiser chronologiquement les assises terrestres, comme si la nature créait selon les indications d'un invariable tableau d'emploi du temps. La réalité c'est que la houille, comme toutes les stratifications du globe, s'est formée quand les éléments nécessaires à son élaboration se sont trouvés réunis en présence, soit dans les vallées, soit dans les bassins lacustres, soit dans les lagunes saumâtres des terrains littoraux, soit encore dans les golfes d'eau tranquille et peu profonde que les mouvements de l'écorce terrestre isolaient fréquemment de la haute mer et dans lesquels pouvaient s'accumuler des îlots flottants parfois d'une grande étendue. Mais ce qui doit rester acquis, peut-on affirmer avec M. Gosselet, c'est que les eaux où le terrain houiller se déposait n'étaient pas des eaux marines, mais des eaux douces ou tout au plus saumâtres, comme celles qui existent dans les zones basses où la mer peut fréquemment pénétrer à une distance quelquefois considérable (1).

Or, l'examen géologique de l'Ardenne nous indique qu'à l'époque dévonienne la mer formait, dans la région qui nous occupe, un golfe dont le littoral était marqué par une ligne passant par Monthermé, Arreux, Renwez, Clavy-Warby, Flize et Bosséval, avec Charleville au centre. Les rivages et les vallées adjacentes formaient donc une espèce de cuvette dont les pentes allaient du massif de Givonne et du massif de Rocroi-Tarzy vers le fond de la baie. Quand com-

----

(1) On en a un exemple dans certaines grandes vallées actuelles des régions tropicales. Ainsi sur la côte ouest de Madagascar, la mer remonte dans la vallée de la Betsiboka jusqu'à 130 kilomètres de la côte.

D'autre part, les lacs littoraux de la côte orientale, qui forment un chapelet de plus de 600 kilomètres du nord au sud de l'île, peuvent en certains cas indiquer ce qu'étaient les lagunes houilleuses et comment le terrain carbonifère s'y déposait. Plusieurs d'entre eux sont de véritables houillères en formation. Au-dessus de leurs eaux tranquilles qui, parfois, communiquent avec la mer au moment de la marée haute, poussent de réelles forêts lacustres de vias, de vacoas, de prêles, d'arbres aquatiques divers dont tous les débris s'engloutissent, au fur et à mesure qu'ils tombent, dans le liquide noir où baignent leurs racines. Le dépôt charbonneux atteint ainsi jusque six et sept mètres d'épaisseur, avec des variations en moins ou en plus suivant les fonds.

Le grès houiller lui-même se forme par agglomération des sables quartzeux du littoral et des fonds de lagunes. Au moment de la saison sèche, les marais de peu de profondeur sont mis à sec. Si l'on creuse le fond de l'un d'eux, on y remarque très bien les couches qui ont été noircies par imprégnation des eaux chargées de particules de carbone.

On peut dire que toute cette région est un laboratoire de démonstration pour les amateurs de géologie. D'ailleurs l'île elle-même, avec sa forme allongée, son arête granitique, longue de 1,500 kilomètres, son chapelet de lagunes parallèle à l'axe, semble un modèle actuel de ce que devait être l'Ardenne aux temps préhistoriques.

mença l'époque carboniférienne, l'exhaussement du sol et le retrait des rivages vers l'Est durent transformer ce golfe en un marécage propice au développement de la végétation primitive (1). Peut-être même, en raison de l'inclinaison des pentes vers ce point, plusieurs vallées venaient-elles y aboutir pour former une mer intérieure ou pour aller déboucher ensuite dans une mer plus éloignée.

Quoiqu'il en soit, on a le droit de supposer que cette dépression, comprise entre les deux contreforts latéraux de l'Ardenne, tout en suivant les grands mouvements ascendants ou descendants du sol, s'est maintenue ou simplement modifiée pendant les époques qui suivirent la formation houilleuse et qu'elle s'est alors fermée — si elle ne l'était déjà — dans la direction de l'Est ou du Sud-Est par un exhaussement d'un contrefort des Vosges ou de l'Argonne qui en fit une mer intérieure où le terrain triasique se déposait.

Ce qui milite en faveur de cette opinion, c'est qu'il semble exister sous notre sol une cuvette géologique analogue, toutes proportions gardées, à celles du bassin de Paris, et fermée comme elle d'un côté par l'Ardenne, de l'autre par les Vosges ou tout au moins un exhaussement sous-jacent local. Le fond de cette cuvette serait représenté par les vallées de la Meuse et de la Sormonne, puisque les sondages de 1825 et de 1845 ont révélé dans le trias des jets artésiens salins

---

(1) Le sol d'une partie des bois de la Havetière, précisément aux environs de la Houillère, est formé par un limon marneux au milieu duquel se trouvent de gros galets roulés. On ne peut, ce nous semble, considérer ce dépôt comme analogue au diluvium qu'on rencontre parfois dans la vallée de la Meuse, vers Monthermé, Deville et Fumay. Peut-être se trouve-t-on là en présence d'un vestige des anciens rivages dévoniens ou carbonifériens.

assez puissants pour atteindre la surface du sol et qui ne peuvent s'expliquer que par une pente synclinale des couches sous-jacentes vers un centre commun.

Remarquons d'ailleurs, car le fait a une certaine importance, que les jets artésiens découverts étaient salinifères, ce qui indique la proximité d'un banc de sel gemme, ou tout au moins que ces eaux, en cheminant dans le trias, avaient rencontré, à une distance plus ou moins grande, des marnes fortement salées. Or, on sait que le sel gemme ne peut se déposer que dans les mers fermées, par suite de l'évaporation progressive des eaux dont la salinité est quelquefois augmentée par les apports chlorurés de sources venant du fond.

Dès lors, et comme conséquence logique, il faut admettre que les couches primaires et de nature indéterminée qui soutiennent la cuvette triasique ne plongent pas à une très grande profondeur, qu'elles redeviennent horizontales à un moment donné et qu'elles se relèvent ensuite pour servir de base aux crêtes de Poix et de Marlemont où commence cette autre cuvette, immense et beaucoup plus profonde, qui forme le bassin de la Seine.

VI

Les bassins houillers de Charleville et de Chaumont.

Le terrain houiller existe donc au sud de l'Ardenne dans les mêmes conditions qu'au nord. Il a été recoupé au puits d'Etion où le carbonifère a été officiellement reconnu. Il a été également recoupé à Tarzy, officiellement reconnu et exploité. Des traces en ont été découvertes à Villers-Cernay, et il y a tout lieu de croire qu'il le fut aussi à Sailly-Carignan. Enfin, tous les indices qui le caractérisent ordinairement : productus, encrines, marbres carbonifères, grès, schistes noirs et bituminifères ont été rencontrés à Bogny, à Montcy, à Gernelle, à Etion, au Waridon, à la Havetière, partout où l'on a bien voulu se donner la peine de les rechercher.

A part la région comprise entre Renwez, Bogny, Gespunsart, Bosséval, Villers-Cernay et la limite du lias, que l'on considère à tort comme dévonienne et qui appartient plus vraisemblablement au carbonifère inférieur, l'étage anthraxifère n'apparaît pas en surface. Le houiller, notamment, est masqué par les couches liasiques d'abord, puis par les couches liasiques et triasiques qui viennent reposer en discordance de stratification sur les schistes primaires. Mais son rivage sous-jacent est à peu près indiqué par la ligne de affleurements successifs des terrains jurassiques venant buter contre l'Ardenne et dans cette zone littorale on peut le recouper à une profondeur relativement faible, vraisemblablement entre 100 et 250 mètres.

D'après ces indications, on voit que le bassin houiller de Charleville traverse le département des Ardennes de l'E.-S.-E. à l'O.-N.-O., en suivant la vallée de la Chiers, la rive droite de la vallée de la Meuse, de Villers-Cernay à Etion, et la rive gauche de la Sormonne, d'Etion à Tarzy. Nous avons à peu près indiqué sur l'une des cartes qui se trouvent à la fin de l'ouvrage, par une ligne brisée continue, les limites nord et sud de la zone dans laquelle il est possible d'entreprendre des sondages qui ne soient pas trop onéreux et qui présentent en même temps des chances de réussite.

Le bassin ardennais présente une grande analogie, tant pour la direction que pour la situation géologique et géographique, avec le bassin de la Basse-Loire. L'un et l'autre vont de l'Est à l'Ouest, l'un et l'autre voisinent avec le dévonien et sont situés du même côté de l'Ardenne.

Ici une question se pose.

Les couches houilleuses que nous venons de signaler se prolongent-elles, d'une part dans le département de la Meuse, de l'autre dans le département de l'Aisne?

Voyons d'abord le premier cas. En examinant la carte, on peut admettre que le bassin de Charleville est le prolongement naturel du bassin de la Sarre infléchi vers le sud pour contourner les contreforts du plateau granitique de Bastogne, de même que les bassins belges sont le prolongement de ceux de la Roër et de la Rühr.

Ceci, d'ailleurs, ne prouve point qu'il existe une zone houilleuse continue entre la Sarre et la Meuse. Au contraire, des lacunes nombreuses étant constatées sur les rivages du Nord, il y a tout lieu de penser qu'il en est de même sur ceux du Sud, et que les charbonnages de Sarrebrück sont limités et autonomes, comme les autres bassins, entre les contreforts hercyniens où ils se sont déposés.

On peut donc supposer qu'il y a une solution de continuité entre les bassins de la Sarre et de Charleville, et qu'on la doit au massif de Bastogne qui se continue vers les Vosges par les Ardennes orientales. Mais, qu'on veuille bien le croire, nous sommes loin d'en déduire, comme le faisait tout récemment M. Francis Laur, que le bassin de Sarrebrück se continue dans la Lorraine française et la région de Nancy, pour aller passer ensuite, par une courbe savante infléchie vers Autun, exactement sous Paris. Les houillères de l'Ardenne ne s'en vont point ainsi vagabonder loin de ses rivages et ne peuvent avoir ni cette amplitude, ni cette direction.

Si la houille se trouve sous Paris (1), elle ne peut provenir que d'une série de houillères qui descendent des Ardennes vers la Seine en suivant les vallées de la Serre et de l'Oise. C'est le second point de la question que nous nous sommes posée plus haut.

Il est évident que le bassin de Charleville va buter contre l'Ardenne aux environs d'Aubenton et de Tarzy et que, s'il se prolonge, ce ne peut être qu'en se rejetant dans une direction parallèle à l'axe général, c'est-à-dire en chevauchant par-dessus l'Ardenne occidentale représentée par les crêtes de Marlemont pour reprendre ensuite dans les vallées de la Serre et de la Malacquise (2). S'il en est ainsi, nous possédons, en communauté avec le département de l'Aisne (3), un second bassin indiqué dans les cantons de Rumigny et de Chaumont par la région des grès verts et qui présente une symétrie complète avec les charbonnages du Nord et du Pas-de-Calais aussi bien au point de vue de la chaîne génératrice qu'à celui des terrains

---

(1) L'hypothèse est vraisemblable, car la capitale n'est pas éloignée de l'axe de l'Ardenne qui se dirige vers le sud-ouest entre la mer et l'Oise. Du reste, si notre mémoire est exacte, un sondage qui eut lieu pendant l'Exposition de 1900 révéla la présence d'une faible couche houilleuse à une assez grande profondeur sous le sol parisien.

(2) C'est par un chevauchement analogue, par dessus les collines de Belgique, précisément aux environs de leur point d'attache à l'Ardenne, que le terrain carbonifère passe du bassin de Charleroi dans le Borinage et le Nord français.

(3) Ces lignes, écrites depuis près d'une année, sont à l'heure actuelle confirmées par des recherches qui viennent d'être entreprises aux environs de Noyon (confluent de la Serre et de l'Oise) et de Laon (sud de la vallée de la Serre).
Nous lisons à ce propos dans le *Petit Parisien* du 30 août 1903 :
« Il y a une trentaine d'années environ, un sondage fut entrepris sur le territoire de la commune de Bourg-et-Comin (Aisne), où se trouvait, disait-on, un important banc houiller.

qui leur sont superposés. On trouve en effet, à Valenciennes comme à Chaumont, la même série secondaire : craie et marne blanche, marne argileuse remplie de silex irréguliers, sables et argiles dièves, puis le grès vert ou le tourtia qui, tout en différant de nature, sont deux roches de même époque et de même formation.

Pour cette seconde zone, que nous pouvons appeler bassin de Chaumont ou de la Serre, nous avons marqué, par une ligne brisée non continue, les pays où les recherches peuvent être entreprises dans les meilleures conditions de succès. Il va sans dire que cette ligne, comme celle que nous avons tracée pour le bassin de Charleville, est indicative et non limitative, c'est-à-dire que, si l'on découvre le terrain houiller dans son périmètre, on peut aussi le trouver en dehors, dans les environs. Toutefois, elle montre nettement qu'en ce qui concerne la partie du département située au sud des crêtes de Poix, les sondages n'ont chance de donner des résultats efficaces que dans le nord-ouest de l'arrondissement de Rethel.

Puis, brusquement, on ne sait pour quelle raison, les travaux cessèrent.

« Or, des études entreprises depuis quelques semaines viennent de ramener l'attention publique sur cette intéressante question et mardi prochain vont commencer de nouveaux travaux.

« On sondera aux quatre angles du vaste quadrilatère compris entre Laon, Auzy-le-Château, Bourg-et-Comin et Vailly-sur-Aisne où on est persuadé de trouver non seulement un gisement houiller important, mais des gisements de minerai sous une couche de terres réfractaires réclamées déjà par les ateliers d'Ivry-sur-Seine.

« Cette reprise de travaux cause dans la région une émotion bien compréhensible. »

VII

Conclusion

Chose importante à remarquer : la direction du bassin de Charleville est précisément celle que suivra le futur canal du Nord-Est qui doit joindre l'Escaut à la Meuse et aux gisements ferrifères de Longwy et de Nancy par la vallée de la Chiers. Si nous ajoutons que la Meuse canalisée et le canal des Ardennes traversent également la même région, on comprendra l'essor industriel et commercial que prendrait ce pays, si, de la théorie que nous venons de faire, on passait à la réalité.

Il est utile d'ajouter ceci :

Dans un forage de puits artésien qui fut pratiqué, il y a environ deux années, par la Compagnie du gaz de Rethel, la sonde révéla, à 140 mètres de profondeur environ, une couche de carbonate de fer de deux mètres d'épaisseur. Analysé par les soins de M. Watrin, contrôleur des mines à Mézières, ce minerai donna 40 % de fer, alors que les minerais les plus riches de Longwy et de Briey donnent à peine de 28 à 32 %.

Ce forage unique n'a pas permis de reconnaître si l'on se trouvait en présence d'une poche ferrugineuse ou d'une couche de puissance régulière. Il y a pourtant lieu de penser qu'il en est ainsi, ce que l'on peut facilement vérifier par un autre sondage.

La découverte d'une couche de minerai de fer utilisable à Rethel n'a pour le moment qu'une valeur relative, car on ne crée pas de toutes pièces, dans un pays agricole et sans aucune agglomération ouvrière, une industrie métallurgique et des hauts-fourneaux, surtout quand il faut aller chercher la mine à 140 mètres sous terre.

Mais si la houille venait à être découverte aux environs, la situation changerait totalement, puisqu'on aurait sur place les deux matières premières utiles à la fabrication du fer. Il n'est pas douteux dès lors que des hauts-fourneaux s'installeraient dans cette partie du département dont la transformation économique serait aussi rapide que brillante.

Il y a donc, dans la solution définitive de la question houillère que nous venons d'exposer, un fait de premier ordre qui peut avoir une influence considérable sur l'avenir du département et surtout sur celui de la métallurgie ardennaise qui, bravement et sans autres atouts dans son jeu que sa situation géographique et sa persévérance, se débat, pour conserver sa place dans le monde industriel, entre ses deux gros fournisseurs de matières premières : le Nord et la Meurthe-et-Moselle. Et ce serait, ce nous semble, une négligence véritablement coupable que de ne point chercher à élucider ce problème vital et nécessaire au premier chef. N'y aurait-il qu'une chance de trouver la houille contre dix d'insuccès, que l'on ne serait point en droit de la laisser échapper. Or, nous savons, par ce qui vient d'être exposé, que ce n'est point le cas.

Mais, pour cela, il faut mieux que de la bonne volonté, il faut des capitaux. Or, les trouvera-t-on dans ce coin de France si riche et pourtant si apathique, si incrédule, si sceptique quand il s'agit de lui-même ?

Quoiqu'il en soit, nous aurons fait l'effort utile pour relever une idée deux fois séculaire dans ce pays, et la conviction nous reste qu'elle est non-seulement réalisable mais aussi qu'on la réalisera bientôt.

APPENDICE

———

I

Charleville, 10 septembre 1903.

Avant de publier les lignes qui précèdent, vieilles déjà d'une dizaine de mois, il m'est agréable de constater que cette question houillère, dont je m'occupe depuis plus de cinq années, a reconquis enfin l'attention du public et celle du monde savant.

La propagande que nous avons faite, mon ami Didier et moi, tant dans l'USINE que par des conférences, a donc porté ses fruits. Ces mois derniers, nous avons eu le plaisir de voir nos articles reproduits par la plupart des journaux industriels français et belges ; nous avons eu aussi l'honneur de voir notre théorie non-seulement discutée dans une séance de la Société d'Industrie minérale de France, mais encore approuvée et appuyée par deux inspecteurs généraux des Mines dont l'un, M. Nivoit, est d'origine ardennaise.

Mais il est utile d'expliquer par suite de quelles circonstances la question qui nous intéresse a été examinée pour ainsi dire officiellement.

Depuis deux ans on se remue beaucoup pour essayer d'acclimater l'idée d'un prolongement possible du bassin de Sarrebrück sous la Lorraine française. Ce fut d'abord M. Francis Laur qui parla de la houille sous Nancy, puis M. François Villain qui transporta allégrement le gisement hypothétique sous Pont-à-Mousson. Et comme en Lorraine on est moins lent à se remuer que dans les Ardennes, la question fut bientôt lancée à Paris sous l'aspect d'une conférence faite par M. Villain à la Société d'Industrie minérale. C'est donc à propos de la houille en Lorraine que l'on fut amené à parler de la houille en Ardenne et, par un déplacement d'intérêt assez bizarre, c'est cette dernière question, toute incidente pourtant, qui a fait le principal objet de la discussion et qui a été résolue presque positivement, alors que l'autre, pour laquelle on avait réuni la Société, restait plongée dans une vague incertitude.

Nous tenons à mettre sous les yeux de nos lecteurs le compte rendu officiel de cette conférence qui était présidée par M. Nivoit et qui a eu lieu au Comité des houillères de France. En voici le texte :

II

Séance de la Société d'Industrie minérale du 14 mai 1903

Après la conférence de M. François Villain, sur le prolongement du bassin de Sarrebrück vers Pont-à-Mousson, M. le Président donne la parole à M. Weiss, ingénieur des Mines, pour faire connaître ses conclusions sur les recherches à exécuter en France.

M. Weiss constate tout d'abord que si on recherche en France le bassin de Sarrebrück dans le prolongement de sa direction générale, c'est bien aux environs de Pont-à-Mousson, à l'endroit indiqué par M. Villain, qu'on a le plus de chance de retrouver des couches de houille à une profondeur raisonnable.

M. Weiss fait remarquer toutefois que, à l'entrée du bassin en Lorraine annexée, dans la concession de Sarre et Moselle, les couches de houille changent brusquement de direction et prennent une allure **sud-est-nord-ouest** qu'elles conservent sur une longueur de plusieurs kilomètres jusque dans la concession de la

Houve. Les affleurements de terrains secondaires qui étaient parallèles à la direction générale du bassin prennent également cette même direction ; enfin, si on jette les yeux sur une carte géologique d'ensemble de la région, on voit que cette direction commune des couches de houille et des affleurements secondaires est parallèle au rivage dévonien du golfe du Luxembourg (1).

M. Weiss se **demande en conséquence si ce parallélisme n'indique pas un changement d'orientation du bassin houiller qui se dirigerait vers le golfe du Luxembourg en contournant le cap de Sierck.** On aurait des chances sérieuses de retrouver un bassin houiller prolongeant celui de Sarrebrück ou séparé de lui par l'anticlinal dont l'extrémité actuellement connue est à Sierck, **aux environs de Montmédy, à une distance du rivage ancien des Ardennes comparable à celle qui sépare Sarrebrück du Hunsdsrück.**

L'emplacement le plus favorable pour ce sondage devrait être déterminé par une étude locale. En terminant, M. **Weiss appelle l'attention des géologues ardennais sur les conséquences pratiques** qu'ils peuvent tirer des indications qu'il vient de donner sur les directions des couches actuellement reconnues à l'extrémité ouest du bassin de Sarrebrück et **exprime l'espoir de voir entreprendre un sondage pour vérifier l'hypothèse qu'il vient de développer.**

M. Nivoit, président, prend alors la parole dans les termes suivantes :

Je remercie vivement MM. Villain et Weiss des communications si intéressantes qu'ils viennent de nous faire et qui touchent à une question d'une haute por-

---

(1) Nous avons nous-même déjà fait une remarque analogue sur le parallélisme des rivages liasiques et des couches houilleuses du bassin de Charleville.

tée industrielle pour toute la région de l'Est de la France.

Avant de passer à la discussion, je vous demanderai la permission de dire quelques mots **sur ce problème de la présence de la houille dans l'Est,** qui est depuis longtemps à l'ordre du jour et qui m'a préoccupé moi-même quand j'étais ingénieur ordinaire dans les Ardennes.

A diverses reprises, on a effectué des recherches qui, malheureusement, n'ont donné que des résultats de faible valeur. C'est ainsi, pour ne parler que des Ardennes, qu'en 1825, Parrot, ingénieur au Corps des Mines, a dirigé un sondage à Prix, près de Mézières, et l'a poussé jusqu'à 143 mètres. A cette profondeur, on a rencontrée de l'eau salée contenant 5 gr. 67 de chlorure de sodium par litre, d'où l'on a conclu à l'existence du trias. Comme l'exploitation du sel constituait à cette époque un monopole, un arrêté du ministre des Finances ordonna la suspension des travaux et le trou fut comblé.

Plus tard, en 1842, Sauvage, alors ingénieur des mines à Mézières, commença à Condé, près de Donchery, un nouveau sondage qui, après avoir traversé 330 mètres de lias et environ 50 mètres de trias, fut arrêté par un accident vers 1849 ; il venait à ce moment, paraît-il, de pénétrer dans les chistes dévoniens (1).

---

(1) Comme on l'a vu plus haut, le sondage a cessé à 380 mètres de profondeur, non pas dans le dévonien mais dans des terrains considérés comme triasiques. A ce propos nous sommes heureux d'extraire d'une lettre que vient de nous écrire M. Nivoit, les lignes suivantes qui donnent l'origine de cette erreur :

« Dans une note jointe à votre article, dit l'honorable inspecteur général des mines, vous dites que le sondage de Condé s'est arrêté dans des couches analogues au trias. Je vous serais très reconnaissant de me dire sur quel motif vous basez cette

En 1873, sur la demande de plusieurs industriels des Ardennes et de la Marne, je repris l'étude de la question et je conseillais de faire un sondage plus au sud que le précédent, dans la vallée de la Vence, aux environs de Poix. Voici les raisons sur lesquelles je m'appuyai pour le choix de ce point :

1° **Le massif primaire de l'Ardenne présente, sur son rivage septentrional, une longue bande houillère. Il n'y a rien d'impossible à ce que, sur son rivage méridional, ne se trouve une bande analogue enclavée dans un pli.**

2° **Quand on se dirige de la Lorraine vers les Ardennes, on voit les terrains supérieurs au houiller, c'est-à-dire le permien, le trias, le lias, l'oolithe, diminuer progressivement d'épaisseur, en sorte que leurs affleurements viennent se terminer en biseau, pour ainsi dire, contre le bord méridional du massif schisteux ardennais.**

Il semble qu'au point indiqué ci-dessus on n'aurait pas une trop grande épaisseur de mort-terrain à traverser et qu'on serait assez loin de l'affleurement des schistes pour ne pas risquer de retomber sur le dévonien.

Telles sont les considérations un peu vagues, je l'avoue, que j'avais développées en 1873 ; je ne pouvais guère en faire valoir d'autres, étant donnée l'imperfec-

---

assertion. Je n'ai pu, pour ma part, trouver dans aucun document rien de précis sur l'âge des couches trouvées au fond de ce sondage, et c'est sur la foi de M. Guillet, alors garde-mines à Mézières, et chargé de suivre les travaux sous la direction de M. Sauvage, que j'ai dit, sous une forme dubitative d'ailleurs, que l'on avait atteint les schistes dévoniens. »

La réponse que nous demande M. Nivoit se trouve complète et absolue dans les rapports d'ingénieurs cités précédemment dans ce livre.

tion de nos connaissances géologiques et du moment que l'on voulait limiter les recherches au département des Ardennes.

La crise houillère qui avait suscité mon étude ayant pris fin quelque temps après, le projet que j'avais élaboré fut abandonné.

M. DELAFOND, inspecteur général des Mines. — L'ensemble des directions figurées par les diverses assises de Sarrebrück indique nettement l'existence, dans cette région, d'un dôme ou, ce qui revient au même, d'un anticlinal important dirigé à peu près normalement à la grande faille du Midi. Par suite de la présence de cet anticlinal, les couches de houille ont, dans la partie sud-ouest du bassin, une plongée accentuée du côté du territoire français, et elles ne seront recoupées, en Meurthe-et-Moselle, à des profondeurs abordables, que si elles sont relevées par un nouvel anticlinal. Il faudra même que ce dernier soit très accentué pour faire affleurer au-dessous du jurassique les couches du faisceau inférieur, qui sont les plus avantageuses de la formation. Les recherches pourront seules montrer si ces circonstances favorables se réalisent.

M. Delafond estime d'ailleurs **que l'exécution d'un sondage, dans la région de Montmédy et Longwy, préconisée par M. Weiss, serait rationnelle.** On n'y rencontrerait vraisemblablement pas les formations appartenant au bassin de Sarrebrück, mais on peut trouver un autre bassin qui serait parrallèle à ce dernier et qui se serait déposé dans une dépression houillère correspondant au golfe jurassique du Luxembourg.

III

Précisons quelques-unes des questions qui ont été traitées dans cette séance.

Nous avons dit plus haut qu'elle avait débuté par une conférence de M. François Villain, ingénieur des mines de Meurthe-et-Moselle, qui, reprenant pour son compte personnel — en la modifiant un peu — une idée émise antérieurement par d'autres géologues lorrains et tout récemment par M. Francis Laur, supposait que les couches houilleuses du bassin de Sarrebrück pouvaient se retrouver dans le sous-sol de la Lorraine française.

Bien qu'à cette date l'USINE et, après elle, presque tous les journaux métallurgiques et miniers du Nord et de la Belgique eussent déjà publié nos articles sur la question houillère ardennaise, le conférencier semblait nous ignorer complètement. Il y avait pourtant plusieurs raisons pour qu'il n'en fut point ainsi : d'abord parce que M. Villain, qui est Rethélois de naissance, ne doit pas avoir cessé toute relation avec les Ardennes ; ensuite parce que nos projets de recherches ont également été annoncés par la voie de la presse dans les pays lorrains.

Personnellement, cette « ignorance » nous importait peu. Modeste mais tenace continuateur d'une idée qui avait eu pour auteurs des ingénieurs de grande valeur, tels que MM. Parrot, de Hennezel, Sauvage, Peschard d'Ambly, nous n'éprouvions aucunement le besoin d'une réclame administrative. Nous ne désirions qu'une chose : voir triompher une théorie que nous n'avons pas inventée, mais qui nous paraît la plus rationnelle, la plus logique et la moins touffue.

Or, c'est qui est arrivé.

Il est vrai qu'on y a mis de la forme. Après avoir remonté de Nancy à Pont-à-Mousson, on a doublé le cap de Sierck — autrement dit les contreforts du plateau de Bastogne — pour venir proposer un sondage aux environs de Montmédy. Ensuite M. Nivoit n'a pas :

hésité à ramener vers sa patrie une sollicitude qu'elle mérite certainement à tous égards.

Tout ce qui a été dit dans cette séance de la Société d'Industrie minérale de France est une confirmation absolue et officielle de ce que nous avons précédemment exposé dans ce livre écrit depuis un an. Si l'on se reporte, en effet, à notre théorie géologique des bassins houillers des Ardennes, on verra que nous avions prévu :

1° Que l'infléchissement du bassin de Sarrebrück vers le sud est dû au massif de Bastogne continué par l'Ardenne orientale ;

2° Qu'il doit exister, entre ce bassin et les gisements ardennais, une solution de continuité causée par la crête de l'Ardenne orientale (cap de Sierck) ;

3° Que si le bassin de Sarrebrück se prolonge un peu sous la Meurthe-et-Moselle, il doit exister une profondeur considérable de morts-terrains à traverser avant de le recouper ;

4° Que le bassin ardennais de Charleville est probablement autonome et cantonné dans les vallées de la Sormonne, de la Meuse moyenne et de la Chiers, c'est-à-dire de Montmédy à Aubenton.

Cependant nous ne sommes point de l'avis de M. Weiss quand il préconise un sondage entre Montmédy et Longwy. Dans cette région la quantité de morts-terrains à traverser est encore trop considérable pour un sondage d'essai. **Ce qu'il faut**, dès maintenant, pour intéresser l'opinion publique à une œuvre aussi considérable, **c'est tout d'abord de reconnaître le houiller.** Pour cela, il faut choisir les points les plus favorables à cette découverte, les moins coûteux et aussi les moins aléatoires, c'est-à-dire ceux où des expériences précédentes permettent déjà de faire des prévisions sérieuses.

La région de Montmédy est vierge de tout sondage, par conséquent fertile en surprises comme tout sol inconnu. En outre les terrains supérieurs au houiller y atteignent une épaisseur plus considérable que dans les Ardennes, puisque ceux-ci diminuent d'une façon constante en allant vers le Nord-Ouest. Les sondages de Condé et de Prix en donnent une preuve indiscutable.

Aux environs de Charleville, par exemple, on a atteint les marnes irisées à 143 mètres. On sait dès lors qu'on n'aura pas besoin d'atteindre en cet endroit des profondeurs énormes pour avoir la solution du problème. C'est donc là qu'il faut sonder tout d'abord pour déterminer l'existence du bassin. On pourra ensuite étendre les sondages à toute la contrée.

Mais ce qu'il faut éviter par dessus tout, c'est de recommencer à Montmédy la coûteuse et décourageante expérience des sondages de Saint-Aignan ; car un nouvel insuccès jetterait définitivement le discrédit sur une œuvre dont l'intérêt est incontestable, mais qui exige, pour être menée à bien, non-seulement des capitaux, mais aussi l'appui de l'opinion.

IV

Nous avons indiqué qu'il devait exister un second bassin houiller commençant sous le canton de Chaumont pour se diriger vers le département de l'Aisne par les vallées de la Serre et de la Malacquise. Il semble que les événements veuillent nous donner raison, car — ainsi que nous l'avons dit plus haut — les journaux annoncent qu'un banc houiller existe dans les environs de Laon et qu'on va y reprendre des travaux de sondage autrefois interrompus. Ajoutons que d'autres sondages ont été faits à Noyon, sur le territoire de Gentry, précisément à l'intersection des vallées de l'Oise et de la Serre. Nos déductions, toutes théoriques pourtant, sont donc jusqu'ici corroborées par les recherches entreprises.

C'est, du reste, la conséquence logique de notre théorie d'après laquelle la grande île primitive de l'Ardenne, qui allait de la Bretagne au Harz, devait avoir donné lieu à la constitution de lagunes houillères à peu près identiques sur ses deux rivages du nord et du sud. Cette théorie fut longtemps le CREDO officiel. On ne l'a laissée de côté que depuis quelques années, lorsque l'on constata que l'ensemble des exploitations houillères du Nord se dirigeait vers l'Angleterre, tandis que le terrain carbonifère ne pouvait plus être recoupé, dans le Pas-de-Calais et la Somme, qu'à de très grandes profondeurs. On a ainsi, théoriquement, créé le pli hercynien Essen-Douvres et rattaché les mines allemandes, belges et françaises de la Rühr, de Liège, de Namur et du Nord, aux houillères de l'Angleterre au lieu de les rattacher à celles du Cotentin et au carbonifère de Bretagne en reconnaissant l'existence de la dépression Essen-Littry.

Mais aujourd'hui que le bassin de la Campine est découvert, on se demande avec anxiété dans quel autre pli hercynien les géologues officiels vont caser ces nouveaux gisements qui, logiquement, sont une prolongation naturelle des mines anglaises.

Le « pli Essen-Douvres », si triomphal jusqu'ici, va devenir bien gênant et peut-être sera-t-on obligé de l'abandonner dans les conférences élégamment techniques pour revenir au pli Essen-Littry qui, après tout, en vaut bien un autre.

FIN

TABLE DES CHAPITRES

AVANT-PROPOS.

PREMIÈRE PARTIE : HISTORIQUE DES RECHERCHES. Pages

   I. Première concession d'Étion : le puits Jaier .. 1
  II. Découverte de la houille à Tarzy 4
 III. Seconde concession d'Étion : Jean Baliguet, Faynot et consorts 6
 IV. Troisième concession d'Étion : Compagnie des mines de Champagne 10
  V. Recherche de la houille à Sailly 16
 VI. Quatrième concession d'Étion : Béchefer père, Bertèche et Cie 20
 VII. 25
VIII. 29
 IX. Nouvelle période de recherches 31
  X. Recherches de Givet et de Foisches 38
 XI. Le marbre de Montcy 40
XII. Nouvelle tentative de recherche à Étion : Camus, Cassan père et consorts 43
XIII. Société anonyme de recherche des houilles du département des Ardennes 49
XIV. Sondage de Prix : Découverte d'un jet artésien salin 52
 XV. Premier sondage de Saint-Aignan : Travaux en régie 60
 XVI. 64
XVII. Deuxième sondage de Saint-Aignan : Entreprise Goulet-Collet 68
XVIII. Sondage de Condé : Entreprise Degouzée..... 71
 XIX. 73
 XX. Dernières recherches : Fouilles de Cons-la-Grandville 82

SECONDE PARTIE : Théorie géologique.

I. 85
II. 87
III. 89
IV. 92
V. 96
VI. Les bassins houillers de Charleville et de Chaumont... 101
VII. Conclusion... 106

APPENDICE.

I. 109
II. Séance de la Société d'industrie minérale de France du 14 mai 1903 110
III. 114
IV. 117

CARTES.

I. Coupe théorique des terrains d'Etion.
II. Carte et coupe de l'Ardenne indiquant la symétrie géologique des rivages carbonifères du nord et du sud.
III. Carte de la région houilleuse des Ardennes (bassins de Charleville et de Chaumont).

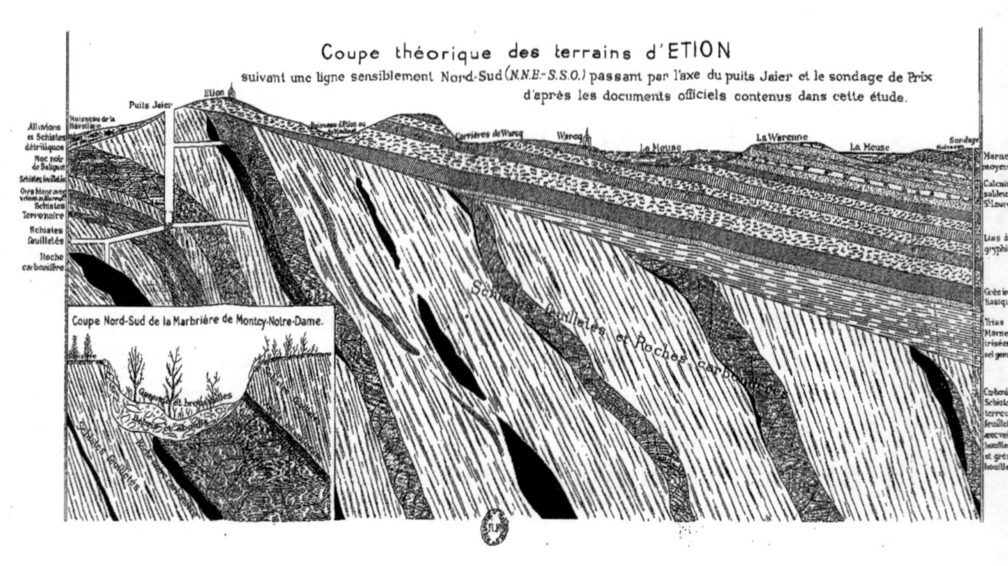

Coupe théorique des terrains d'ETION
suivant une ligne sensiblement Nord-Sud (N.N.E.-S.S.O.) passant par l'axe du puits Jaier et le sondage de Prix
d'après les documents officiels contenus dans cette étude.
Puits Jaier
Etion
Ruisseau de la Havetière
Ruisseau d'Etion ou du Moulin
Carrières de Warcq
Warcq
La Meuse
La Warenne
La Meuse
Sondage
Alluvions et Schistes détritiques
Roc noir de Saligny
Schistes feuilletés
Grès blanc avec veines milleuses
Schistes Terrenoire
Schistes feuilletés
Roche carbonière
Marne moyenne
Calcaire sableux de St Laurent
Lias à gryphites
Grès infra liasique
Trias Marnes irisées et sel gemme
Carbonifère Schistes terreux feuilletés avec veines houilleuses et grès houillers
Schistes feuilletés et Roches carbonifères
Coupe Nord-Sud de la Marbrière de Montcy-Notre-Dame.
Gazon et broussailles
Schistes feuilletés

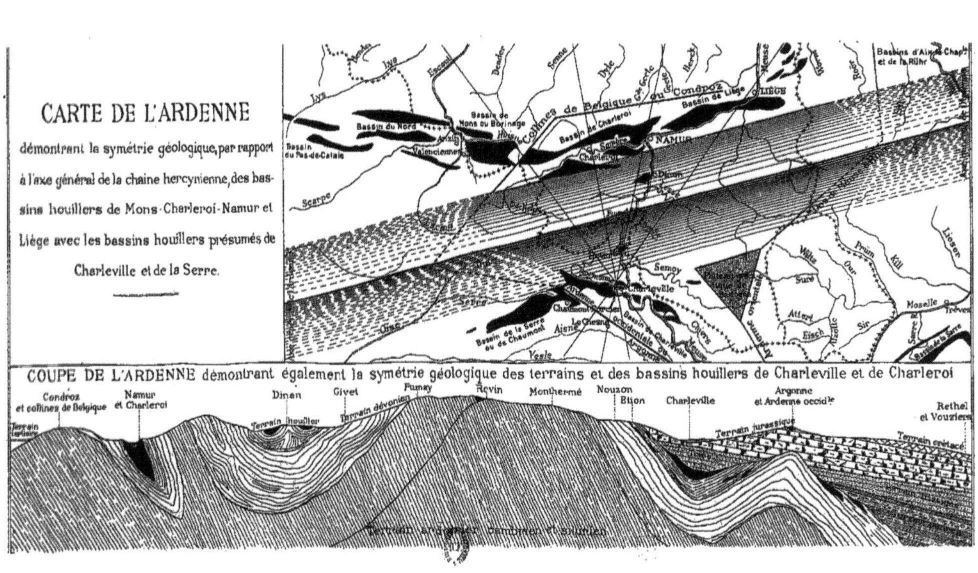

CARTE DE L'ARDENNE
démontrant la symétrie géologique, par rapport à l'axe général de la chaine hercynienne, des bassins houillers de Mons-Charleroi-Namur et Liége avec les bassins houillers présumés de Charleville et de la Serre.
Bassins d'Aix-la-Chap.le et de la Rühr
Collines de Belgique ou Condroz
LIÈGE
Bassin de Liége
Bassin du Nord
Bassin de Mons ou Borinage
Bassin de Charleroi
NAMUR
Valenciennes
Sambre
Charleroi
Dinan
Bassin du Pas-de-Calais
Scarpe
Oise
Serre
Bassin de la Serre ou de Chaumont
Chaumont
Charleville
Semoy
Le Chesne
Bassin occidentale de Charleville ou Argonne
Aisne
Vesle
Lys
Escaut
Dendre
Senne
Dyle
Gette
Nethe
Meuse
Ourthe
Semoy
Sure
Our
Wilz
Prüm
Kill
Liesse
Attert
Eisch
Alzette
Sir
Moselle
Trèves
COUPE DE L'ARDENNE démontrant également la symétrie géologique des terrains et des bassins houillers de Charleville et de Charleroi
Condroz et collines de Belgique
Namur et Charleroi
Dinan
Givet
Fumay
Revin
Monthermé
Nouzon
Blion
Charleville
Argonne et Ardenne occid.le
Rethel et Vouziers
Terrain tertiaire
Terrain houiller
Terrain dévonien
Terrain jurassique
Terrain crétacé
Terrain ardennien cambrien et silurien

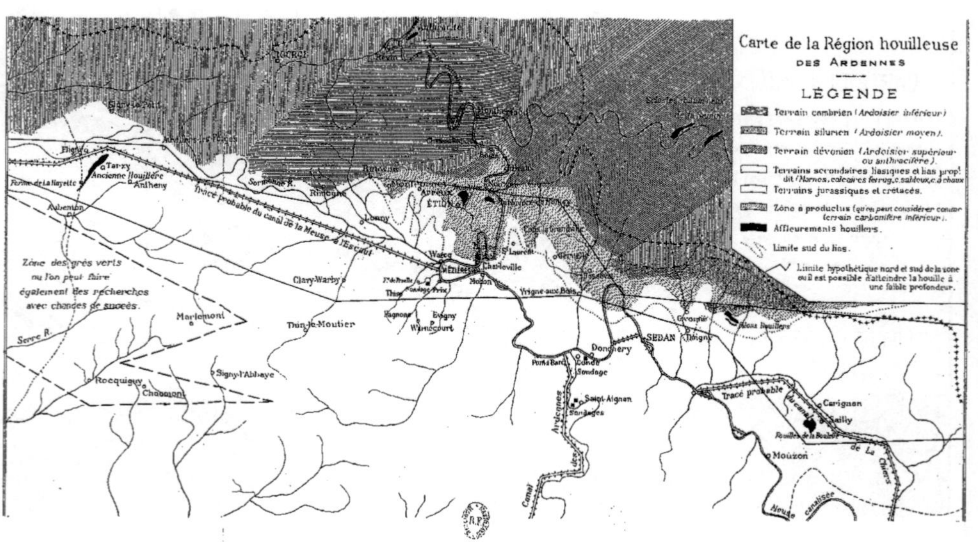

Carte de la Région houilleuse
DES ARDENNES
LÉGENDE
Terrain cambrien (Ardoisier inférieur).
Terrain silurien (Ardoisier moyen).
Terrain dévonien (Ardoisier supérieur ou anthracifère).
Terrains secondaires liasiques et lias prop¹ dit (Marnes, calcaires ferrug., c. sableux, c. à chaux).
Terrains jurassiques et crétacés.
Zône à productus (qu'on peut considérer comme terrain carbonifère inférieur).
Affleurements houillers.
Limite sud du lias.
Limite hypothétique nord et sud de la zone où il est possible d'atteindre la houille à une faible profondeur.